未來產業的關鍵，誰將最後登上元宇宙？

元宇宙淘金熱

Metaverse Goldrush

슬로디미디

元宇宙商務 CEO 的 10 個元宇宙問答

***Q1.* 最近最熱門的話題就是「元宇宙（Metaverse）」了，元宇宙到底是什麼呢？為了適應元宇宙的世界，我們又該做什麼樣的準備呢？**

答 元宇宙——Metaverse 的來源是由代表超越的「Meta」和代表宇宙、特定經驗世界的「Universe」的組合詞，由 VR 和 AR 及 3D 等技術構成的虛擬實境共存的網絡世界。也是在虛擬實境中，以更加擴張的概念來體驗更全面的數位經驗，重要的是，還能跟現實社會一樣進行社會、經濟還有藝術活動，甚至還能進行在現實世界中受到限制的物理性移動。

如果想了解元宇宙，我推薦可以看尼爾·史蒂芬森（Neal Stephenson）於 1992 年出版的科幻小說《潰雪》，講述主角披薩外送員 Hiro，在元宇宙世界中戰鬥並拯救了現實世界的故事，這是最早出現元宇宙概念和第二人生的小說。

在小說中，元宇宙能體現出如同都市般的環境，讓使用者有種彷彿置身在巨大網絡行星的感覺，戴著眼鏡在元宇宙的世界中購買虛擬房屋…等多種行為。在 30 年前人們就有這樣的想像力，實在是令人驚訝！此外，史蒂芬．史匹柏在2018年上映的電影《一級玩家》也呈現了元宇宙的世界，其中有一半是現在的技術已經能實現的，因此就算對元宇宙這個詞彙還很陌生，但實際上它已經在進行中了。

如果想跟上元宇宙的時代，就應該開始了解元宇宙，想像一下即將產生的新職業並且做好準備，在元宇宙平台上設計、製作並銷售各種產品，如果能透過廣告、虛擬資產、內容製作等創造收益模式就更好了。

元宇宙是以使用者為主的世界，平台企業則爲使用者提供創作的平台，現在正進化成更開放的世界形態。元宇宙的主力可以說是MZ世代，在Roblox中甚至還有10幾歲的創作者躋身百萬富翁行列，他們被稱為「C世代」，使用者都應該發揮創意來活用元宇宙。

Q2. 虛擬實境和元宇宙的概念常常受到混淆，請問兩者之間明確的差異到底是什麼呢？

答 虛擬實境（Virtual Reality，簡稱VR）是一種單向內容，以第一人稱視角在現實生活中體驗虛擬世界，也就是連接到電腦所製造出來的人造世界。

隨著Google Cardboard推出以紙板製作的摺疊式簡單形態VR設備，開啟了成本較為低廉的VR市場，而且只要和VR內容連動就可以使用，相當方便，後來Sony推出了PlayStation，Facebook推出了Oculus Quest2，而

VIVE 則推出了 HTC VIVE Focus 3。

在現實世界中加上虛擬物體的 AR，混合虛擬和現實世界打造出 3 次元虛擬世界的混合實境（Mixed Reality，簡稱 MR）技術，形成了更加逼真的虛擬實境內容。

與此不同的是，元宇宙是屬於雙向內容，在技術上混合了 AR、VR 和 MR 技術，使用者可以在其中進行多種社會活動和經濟活動，不僅可以使用企業製作的內容也可以自己製作甚至銷售，交易上則是使用區塊鏈技術認證的虛擬貨幣。如果元宇宙世界夠成熟的話，將會創造新的工作機會，也許未來所有人都能成為創作者來進行具有創意的活動，不過元宇宙的世界也可以說是人類生活的世界，因此同樣也會出現與現實世界相似的各種犯罪或倫理問題，甚至是產生前所未有的新問題。

隨著觸覺技術（Haptic Technology）的發展，暴力和性暴力問題也可能相繼出現，財物的生產和銷售行為也會發生欺詐等問題。

現實世界的法律和倫理規範，也需要跟著數位世界的影響而做出改變，由於這是體現和人類現實生活極為相似的世界，所以也被認為有必要建立出相應的哲學思維，在無法抗拒的未來來臨前，請做好迎接元宇宙到來的準備。

Q3. 由於新冠疫情的影響，造成人們無法直接面對面接觸的生活方式，進而讓元宇宙的應用快速發展，企業和個人在這樣的社會環境下該如何活用元宇宙平台呢？

答 目前元宇宙平台未侷限於特定產業，隨著 IT 技術和環境變化，透過技術、產業融合來開啟後網路時代的新產業遊戲鏈正備受關注。社會企業家羅傑．詹姆斯．漢密爾頓（Roger James Hamilton）預測，到了 2024 年，在 3D 虛擬世界中度過的時間，將會遠超過在 2D 網路世界的時間，看來元宇宙的轉變會以遠距生活模式日常化，並且以在數位時代成長的 MZ 世代為中心快速的擴張。此外，也會出現應用 XR（eXtended Reality 延展實境）和沈浸科技（Immersive）將現實世界擴展到虛擬世界，創造出具社會、經濟、文化價值的「沈浸式經濟（Immersive Economy）」。

有鑑於此，企業家們了解到元宇宙是個新的契機，於是 NVIDIA 推出了 3D 設計合作平台「Omnibus」，讓所有 3D 視覺化過程都能在雲端即時工作；微軟也推出了「Mesh」服務，讓設計、醫療等多種職業的人員可以藉由網路化身在一個空間內進行合作。

Google 和蘋果則是推出以開發 AR 程式為基礎的平台，支援開發元宇宙應用程式及後續的設計及流通等，能更容易製作出像《Pokéon GO》這種擴增實境的遊戲。

使用元宇宙平台的個人用戶也很多，他們相當積極參與遠距的活動，例如：房地產 App「Zigbang」的員工也在 Zigbang 自己的元宇宙平台「Metapolis」上用虛擬化身來工作。建國大學的學生們則在「建國 Universe」平台上享受春季慶典。LG 顯示器的新進職員則在「角色扮演遊戲(RPG)」平台上，以虛擬角色和其他同期職員視訊交流，透過接力任務和遊戲等培養團隊合作的默契。

另外，政府也為了即將到來的元宇宙時代制訂了相應的政策，以幫助國人能夠更積極使用元宇宙平台，建構虛擬國家並且模仿國家政策來建立虛擬機構，使大家能夠接受非接觸式的教育、醫療、行政服務，致力於縮小不同收入、不同地區的人的差距。我國以「智慧學校、自動駕駛汽車、智慧工廠、元宇宙市場、智慧治安」等核心服務為基礎，正在推進於 2023 年建設 5G 智慧城市的計畫中。

Q4. 元宇宙的主角是數位原住民的 MZ 世代，MZ 世代和上一個世代的人有什麼不同？

答 很多人問過 MZ 世代到底是什麼，和上一世代的差異又在哪？我也是屬於上一世代的人，而且和 MZ 世代的同事一起工作，所以可以看到他們相當熟悉數位工具並能靈活合作的樣子。

首先雖然對於 MZ 世代有很多不同領域的定義，就以我作為元宇宙平台商務企業家的身分來談談「數位原住民」吧！

MZ 世代是數位原生世代，即「數位原住民」，從出生開始就使用智慧手機和電腦的世代。各種有線、無線的數位工具都能運用自如，社群的使用也已經是日常化，對喜歡的事情誠實而且充滿熱情，也很樂於團體合作。會對感興趣的領域或透過人工智慧（AI，Artificial Intelligence）的推薦內容等進行「訂閱」，為了用比較少的錢擁有想要的商品，也會使用「共享」服務，比起使用現有的電視媒體和廣播，更常用個人化的影視平台也是一大特點。

擅長使用 YouTube、Facebook、Instagram、TikTok 等積極地展現自我，而且比其他世代都更擅長製作和共享內容，能同時處理很多事，溝通也很及時，因為只要有需要隨時都可以獲得資訊。

相反，上一世代屬於「數位移民」，長大成人後才開始學習使用並適應數位工具的存在，如果說 MZ 世代是積極獲取工作及生活上所需資訊的世代，那麼上一世代則是單方面接收所需資訊的一代。

現在的時代是兩代人共同合作的形態，所以為了擺脫現有年齡和職位的垂直文化結構，許多企業都在努力建立更橫向、更公平的職場系統，而且在數位知識上的差距一不小心就會導致收入上的差距，因此為了解決這個問題，也正在積極尋找教育和解決方案。

MZ 世代的特徵與元宇宙的發展密切相關，娛樂企業為了形成粉絲文化的 MZ 世代，製作了符合他們喜好的內容和周邊產品，雖然也期待之後青壯年和老年階層能使用的元宇宙產業的發展，但看起來現階段的內容和技術是以 MZ 世代為主軸來進行開發的。

Q5. 關於青壯年和老年階層也是不能省略的，青壯年有沒有能運用元宇宙獲取經濟利益的方法呢？也很好奇老年層使用元宇宙的例子。

答 元宇宙在遊戲和社交領域被廣泛應用，但未來將會擴展到整個產業和社會領域，因此將會衍生出不熟悉使用高科技的上一代逐漸被疏遠的問題，對於他們來說需要進行使用元宇宙平台的教育，也需要對現有的人類與四維空間知識有一定的理解。事實上有很多中老年層的人來我的元宇宙講座，讓我感到很吃驚；我以為來參加講座的人大多為年輕人，但反倒是現在 50 多歲仍在職場工作的人來得更多，倫理學教師、編碼教育者、需要運用元宇宙來開發事業的負責人等多個領域的人士都來了，他們的問題也很多樣，像是元宇宙的商業動向、倫理問題等。這些人為了要擴展元宇宙業務，自己已經先行體驗過了，透過網路化身獲得企業研習和教學，並在虛擬空間中執行業務，50 歲以上的中壯年層正在迅速成為購物商場、外送 APP、OTT 等線上服務的消費主力。雖然剛開始很難，但只要習慣後，使用起來就很方便了，這些熟悉數位產品的 5、60 歲一代被稱為「活躍高齡世代」，我認為透過「教育」完全可以培養出應用和製作元宇宙的能力。

另外老年一代使用元宇宙的比例也在提高，因為新冠疫情大家沒辦法聚在一起，所以喜歡用元宇宙進行文化藝術活動以及和其他人社交，還有預防腦部疾病和癡呆症、身體退化的元宇宙運動項目，事實上有很多企業都在為了老年一代的需求進行內容製作。

Q6. 最近在元宇宙平台 Roblox 中有 10 幾歲的創作者成為百萬富翁引發了話題，因此對於虛擬資產的期待和侷限的討論似乎也活躍了起來，虛擬資產到底是什麼，又要怎麼在元宇宙中使用呢？

答 Roblox 每年製作數百萬個遊戲及數位工具，創作者透過販售數位工具及升級，平均可以有 1 萬美元左右的收益，這之中有部分年僅 10 幾歲的創作者因此成為了百萬富翁，Roblox 每月有 1 億 5,000 萬人使用，光是 2021 年第一季使用時間的統計就有 100 億小時，相當於每天有超過 4,200 萬名的用戶登錄。另外用戶們為了裝飾網路化身，2021 年第二季統計就使用虛擬貨幣「Robux」支付了 6 億 7,000 萬美元，MZ 世代如果喜歡自己裝扮網路化身，就會產生想要實際購買該商品的慾望，因此在元宇宙上讓用戶可以方便享受購物樂趣的體驗型行銷，由此衍生出來的經濟效益也很可觀。

將名為「Robux」的虛擬貨幣變現，是使元宇宙市場成長很重要的因素，元宇宙平台交易的虛擬貨幣之所以能夠變現，則是得益於「區塊鏈」的技術，虛擬貨幣的交易記錄任

何人都可以查詢到，是透明且可追蹤的，在這裡虛擬貨幣是能被信任的，近期最熱門的則是關於 NFT 的討論。

NFT 指的是非同值化代幣，可以將它想成「具稀有性的數位加密認證標記」，利用區塊鏈技術賦予其固有的辨識標記，主要用於繪畫和影像等藝術內容。因此有越來越多藝術家將自己的藝術作品數位化來販售，也很常看到名人的數位作品以高價販售出去的新聞，像這樣具有可信度的虛擬貨幣，使藝術作品等所有數位創作都具有一定的價值，所以大眾對於虛擬資產的關注度也提高了。

我想今後虛擬資產將在元宇宙內被靈活使用，NFT 也許會被認可為可交易資產的一部分。

Q7. 元宇宙商務中最活躍的領域是文化、藝術和娛樂產業，也出現了虛擬人類和虛擬偶像，具體來說是怎麼應用的？

答 由於新冠疫情使大家更加注重維持接觸距離，非接觸式的活動也逐漸增加，所以在元宇宙上演出或發表新作品的藝人越來越多，崔維斯・史考特（Travis Scott）在要塞英雄（Fortnite）中舉行的演唱會點擊累積超過 1,200 萬次，在 ZEPETO 舉行的 BLACKPINK 粉絲簽名會則聚集了 4,600 萬多名歌迷。從這裡衍生出來的收入是不容小覷的，在崔維斯・史考特演唱會上銷售的周邊產品就有 2,000 萬美元以上的收益，SM 娛樂為旗下女子團體 aespa 的 4 名成員製作網路化身，讓她們也在虛擬世界中活動，以實際成員的資料為基礎製作的 AI 化身，可以在虛擬和現實之間進行演出，會有更多豐富的故事性和表演，這種方式對生於粉絲文化的 MZ 世代來說很有魅力，從企業的立場來看也可以創造多種收益模式。

虛擬人類（Virtual Human）模特兒的活動也很受矚目，Sidus Studio X 的虛擬網紅 Rozy，目前在 Instagram 上擁有超過 10 萬名以上的粉絲；新韓生活 YouTube 廣告的點擊率則達到了 974 萬次。根據美國一家市場調查公司預測，虛擬網紅市場到 2022 年將增長到 150 億美元。

那麼為什麼企業會用虛擬網紅來做行銷呢？虛擬網紅可以說是非常高度化的虛擬人類，幾乎感覺不到物理上的違和感，但有趣的是虛擬網紅不是人類，不會引發校園暴力等道德問題，還能維持企業想要的形象並 24 小時活動，再加上也不需要整型手術和訓練的費用，從企業的立場來看可以節省很多成本，今後預計還會開發更多的虛擬網紅。

Q8. 未來元宇宙可能將擴展到許多產業及技術，對於即將就業的人來說要準備哪些專業領域比較好呢？請給他們一些具體的建議及方向。

答 2017 年世界經濟論壇表示「全世界 7 歲的孩子中，65% 將從事現在還沒有誕生的職業」，並預測 5 年內白領的工作職位將減少 710 萬個，取而代之的是將新增 210 萬個數據分析等與電腦相關的工作機會。

在當天的演講中，IBM 執行長吉妮．羅密蒂（Ginni Rometty）談到了「新領階級的誕生」，新領是指懂創新、研究新事物、擅長 IT 科技的人才。

如果說現在的勞動市場是由藍領和白領組成的，那麼今後將會由新領階層來領導市場，國家及民間企業也正在努力培養新領人才，首爾市教育廳將「大數據、AI、物聯網、VR」評論為第 4 次產業革命的核心技術並新設了 39 個學科，職業高中也因應時代調整了教育課程。另外，IBM 也在包括韓國在內 28 個國家的 241 所 P-TECH 學校開拓人才，現在孩子們對編碼教學表現出熱情也是因為這個原因。

我認為最有前途的領域是製作元宇宙時會使用的開發平台，特別是 Unity 和虛幻引擎（Unreal Engine）平台，計畫用於建設、工程、汽車設計、自動駕駛等多個領域，開發者生態系統也正在構建中。事實上，成立於 2004 年的 Unity 約投入一半的時間在製作智慧型手機遊戲，Unreal 則參與了《**天堂 2M**》、NEXON 的《**V4**》、《**跑跑卡丁車**》等遊戲的開發。Unity 的 CEO 約翰．瑞奇提歐（John Riccitiello）就預測，目前約有 50 萬名以上的學生正在 Unity 學習 3D 製作，今後這些開發者將會形成一種生態圈，若要更具體推薦的話，就是以開發 5G 為基礎的 VR、AR 實感型內容的領域。

為了成為未來型人才，需要多了解及關心關於第 4 次產業革命的各種訊息，機器人、生物、連結、能源、安全、遊戲、健康、設計等領域，過半的產業最終都將使用元宇宙平台。希望大家能瞭解自己的特點，尋找能夠與技術融合的地方，乘上這波變化的浪潮。

***Q9.* 元宇宙也算是人類活動的空間，因此倫理問題是無法避免的，請跟我們聊聊，在元宇宙平台上可能發生的倫理問題和解決方法。**

答 在元宇宙平台上雖然與現實是相同的型態，但由於沒有制訂適用法規的標準，所以可能還會發生更多無法被制裁的犯罪。對於侵害人類基本權利和被遺忘權及知識財產權，可能因為技術的發達而產生泛領域問題，像是在數位世界中的暴力、性犯罪、詐騙、過度收集個人資料而侵害隱私等，再加上如果過度沈迷於元宇宙的話，可能會導致分不清現實和虛擬世界的結果。

首先侵害知識財產權問題涉及著作權、商標權、虛擬角色的形象權認定問題。元宇宙用戶是消費者同時也是創作者，因此用戶創作並開發的內容應該被賦予著作權，但也會發生一些複雜的法律糾紛，例如 Gucci 在發表新品後僅 10 天，利用 Gucci IP 所做的 2 次創作就有 40 萬個以上。通常在 Roblox 或 ZEPETO 這類型的元宇宙平台上，用戶對於自己的創作品擁有著作權，雖然被全面賦予創作品的「使用」或「服務」權，但依然有很多私人糾紛，加上利用深偽技術（Deep Fake）的性騷擾事件，VR 和 AR 技術的發展也衍生出許多問題。

為了應對這些問題，最近歐盟制訂了 AI 倫理指導方針，韓國則正在以民間行業自律規制為核心訂定 AI 倫理標準，制訂不妨礙技術發展的規定是必須要做的事情。

Q10. 您認爲元宇宙將導致社會發生怎樣的變化？

答 我認為元宇宙會成為變化的主角，將會創造出至今尚未出現的新工作職位，任何人都能成為創作者創作產品，希望所有世代都能活用元宇宙創造出更好的生活，最值得期待的是透過這種變化，進入平台發展的良性循環。

作為製作和運營元宇宙平台的企業家，我也很期待元宇宙能夠積極創造未來，利用我的虛擬旅遊平台「Meta Live」去從未去過的國家旅行，探索從未經歷過的過去並體驗超越時空的世界，希望需要精神治癒和治療的人，隨時都能進入我建構出來的虛擬世界，從中感受到安定的感覺。

不僅是我的事業領域，整個產業都將應用元宇宙，在醫療領域透過虛擬手術來教育醫科學生，用數位療法（Digital Therapeutics）減輕患者的痛苦並幫助其康復。虛擬資產領域將進一步發展創作者財產權的保護技術，藝術市場將能因此而更為活絡，行動通訊和行銷領域也期待能獲得更多樣的獲益模式。

正如前面所說，IBM 執行長吉妮・羅密蒂在 2017 年世界經濟論壇中提到「新領階級」的出現，現有的藍領和白領體系即將崩潰，隨著第 4 次產業革命的發生，將產生善於創新和研究新事物的階級，就是新領階級。

如果說目前個人的教育水平決定了階級的話，那麼今後就是實務能力強的人會得到認可，另外在元宇宙日常化的世界裡，將產生多種類型的經濟，創造出巨大的附加價值。

|推薦|

隨著全球 VR · AR 市場的爆發性發展，期待 VR · AR 硬體的大眾化及元宇宙平台擴展進入我們的生活，《**元宇宙淘金熱**》是引領 5G 連接尖端 ICT 技術和數位化轉型的 Awesomepia（株）代表閔文湖（音譯）根據自己的知識和經驗寫下的書，讓你能夠提前體驗元宇宙的超連接時代。

——VR 內容產業協會會長　洪哲雲

元宇宙和人工智慧都是為了人類而發展的技術，但是，在元宇宙的世界也會發生倫理問題。這本書不只介紹元宇宙的技術層面，還擴大討論了倫理問題，探索真正的元宇宙世界。

—— 韓國人工智能倫理協會理事長　全昌培

元宇宙是第 4 次產業革命及全球數位化轉型過程中值得期待的大趨勢，作為連接虛擬世界和現實世界的創新平台技術，將對整個社會的公共基礎設施、產業、文化等帶來巨大的變化，透過元宇宙商務 CEO 的這本書，讓我們提前體驗即將到來的元宇宙時代。

—— 世宗路國政論壇理事長　樸承周

元宇宙領域中的聖經終於問世了！在因新冠肺炎肆虐而迅速發展元宇宙的此時，充斥著即使只有一丁點了解也自稱專家的情況，我非常高興看到元宇宙領域的權威人士 —— 理論和實務兼備的 Awesomepia（株）代表閔文湖能出版這本書。

我們學會也在閔文湖代表的推薦下，對元宇宙產生了興趣，並多次召開了關於元宇宙的特別研討會，感謝閔文湖代表的帶領使我們成為元宇宙先驅性的學會，真心祝賀《**元宇宙淘金熱**》的出版，也誠摯推薦給各位讀者。

—— 韓國雜誌媒體學會會長　李龍俊

「I Love School」掀起了尋找學生時代的朋友和前後輩的同學會熱潮，這可說是初期元宇宙的服務。最近隨著 AI、區塊鏈、虛擬資產、AR、VR、MR 等技術的純熟，迅速發展的元宇宙平台，正在重新開啓現實和虛擬共存的新世界。《**元宇宙淘金熱**》這本書介紹了以區塊鏈為基礎的元宇宙世界中買賣及擁有數位產品的方式，以及製作元宇宙內容產品而誕生的新產業，期待未來能創造更多種商業及工作的機會。

—— 前 I LOVE SCHOOL CTO，現（株）TENSPACE 代表　高鎮碩

未來元宇宙將是我們的日常，希望透過《**元宇宙淘金熱**》這本書能窺見未來的樣貌。

—— 律師　李照路

人類的歷史也是新大陸的歷史，元宇宙則是最新的新大陸！不久後我們將在那裡和由人工智慧創造出的我們的化身一起工作，或讓他們替我們工作來製造收入，希望能藉由這本書對於即將到來的未來做好準備。

—— 高麗大學技術經營研究生學院兼職教授　宋仁奎

這本書中介紹了引領未來的旅遊經營者應該瞭解的「元宇宙旅遊「的未來。

—— 慶熙大學飯店觀光學院教授　尹智煥

新冠疫情大流行之後，進入了需要非接觸式診療和遠距診療的時代。我認為元宇宙和醫療領域結合可以拓展數位療法的領域，希望 (株)Awesomepia 和我們開放型實驗室能帶領醫療領域進行第 4 次產業革命。

—— 高麗大學九老醫院開放型實驗室團長　宋海龍

獻詞

元宇宙，創造另一個新天地

過去 16 年間研究元宇宙的前梨花女子大學教授李仁和（音譯）提出了「人們不是想在元宇宙中生活，而是想和其他人在一起「的主張。這意味著無論是在現實還是在虛擬空間，人類都不能獨自存在，這是最能表現人類特性的形容，也是對於為什麼只能連結到元宇宙的明確解釋。

事實上元宇宙和模擬的實際空間不同，它不僅在空間上擴張，在時間上也無限擴展，因此，以超越時空的文化旅遊為主題的「元宇宙旅行「可以說是數位媒體出現後人類長久以來的夢想，在但丁的《**神曲**》也能看到中世紀歐洲人夢想前往虛擬空間旅行，我們現在就生活在可以量身訂做參觀古代、中世紀、近現代的時空旅行的時代。

最近元宇宙已經超越了虛擬展覽和宣傳的階段，發展為使用者製作自己獨特的化身與生活在元宇宙空間裡的人互動，並擁有和買賣虛擬資產的數位經濟空間。元宇宙與單純的 VR、AR 和 XR 不同，它是透過虛擬空間日益成長、人類夢想的宇宙生態系統，能夠持續製作內容的平台和服務。

元宇宙的目標是脫離現實世界建構虛擬共享空間，有時還與現有的 VR、AR、MR、XR 及電腦介面技術進行整合，雖然具有充分的現實性，但又能超越現實，它可以擴展現實空間，讓人們自由地使用並在其空間中實現數位繁榮。

最近 2 年間，新型冠狀病毒的出現對人類來說是個巨大的危機。但是，從另一個角度來看，這也帶來了擴展數位虛擬空間的機會，這算是創造人類共存時代的絕佳機會，特別是在最近超過 1 億名的新冠肺炎患者和 1,000 多名死亡者的狀況下，虛擬空間商務將更進一步加速發展，其中最有名的內容就是「元宇宙虛擬旅遊」，2019 年以後我們被剝奪了在全球旅行的自由，現在已經不能再自由地去環遊世界了。

因此，迎接後疫情時代應該更加豐富多彩、更積極地來應用元宇宙技術，對元宇宙觀光產業的挑戰要不斷達成，希望人類能藉由元宇宙來克服對新冠疫情的恐懼，新冠疫情是人類的災難，但元宇宙則是對人類的祝福。

—— 文化遺產數位復原師　樸鎮浩

目錄

PART 2

Metaverse Archive 過去與元宇宙 043

PART 3

Metaverse Of The Future 未來與元宇宙 057

PART 4

Everything About Metaverse Business 關於元宇宙商務 085

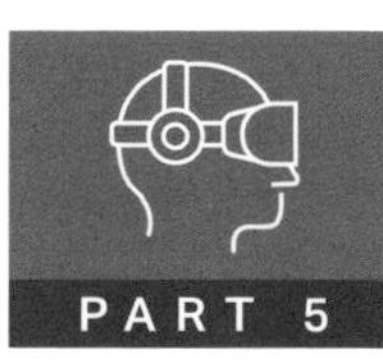

PART 5

Ethical Issues & Coexistence 元宇宙的倫理問題與共存 127

|序|

上個月，在引頸期盼的房地產交易平台「Metarex」幸運地買到了景福宮附近的大樓，而且這個月我的大樓登上了「Meta Live」平台，從我的大樓看出去，景福宮附近的風景一覽無遺；我一生的願望就是在首爾附近購買建築物，現在終於實現了這個夢想。從現在開始，我打算在這棟大樓開展以本國人和外國人為對象的租賃事業，當然，不是在物理地球上而是在數位地球，即元宇宙的空間中展開，最重要的是，這將不是單純的消費，而是為了創造創意經濟生態系統。

在 2020 年 10 月的開發人員大會上，NVIDIA CEO 黃仁勳表示：「今後的 20 年將與 SF（Science Fiction 科幻小說）沒有區別，元宇宙的時代正在到來。」此後雖然刮起了元宇宙熱潮，但目前還處於初期階段，以公共機關及各企業平台上的活動為主。但是，很多大企業對元宇宙都表現出濃厚的興趣，而且在實際業務上有應用元宇宙平台的需求，這是非常令人鼓舞的事情。另外，也很期待以文化和 IT 強國著稱的我國，今後能創造出更多元宇宙平台開發及內容開發等衆多商業模式。

2021 年 9 月在 Netflix 播出的韓劇《魷魚遊戲》在全世界約 90 多個國家創下了收視率第一的壯舉，公開僅 26 天就有 1 億多名用戶觀看，成為 Netflix 史上收視最高的電視劇。作為參考，2019 年 Netflix CEO 里德・哈斯廷斯（Wilmot Reed Hastings）表示他們的競爭對象不是「迪士尼」而是「要塞英雄」，要塞英雄是美國「Epic Games」公司運營的元宇宙遊戲平台，也是韓國偶像團體 BTS 公開舞蹈 MV 的地方，在全世界擁有巨大影響力的 Netflix 也已經認可了元宇宙的未來價值。

但遺憾的是，雖然這次《魷魚遊戲》收視暴漲，卻無法讓觀眾體驗到電視劇中韓國文化元素並連結到商業平台，如果有專用的商業平台就可以更有效地創造收益。目前韓國代表性大型科技企業 Naver 的子公司所運營的元宇宙平台「ZEPETO」的用戶數已達 2 億人，緊跟在「要塞英雄」之後。但是，由於大企業的特性，在開發及運營機動性的內容上還是存在著侷限，從這個角度來看，現在主要由大企業擁有的元宇宙平台商務，未來可能被能夠迅速、有機動性開發內容等優勢的中小企業抓住機會。

超越人類和時空的物理界線，在其中實現相互融合的元宇宙全球市場！如果到目前為止只是一直在觀望，那麼現在就是最後的機會，希望您能果斷地一起登上元宇宙，今後以 AR・

VR 等為基礎的 XR 企業和 AI、區塊鏈企業應該齊心協力、持續引領開發元宇宙技術。

據悉政府也將在今後 5 年間階段性的執行 1.6 億美元的元宇宙相關預算，也就是說在民間的主導下，政府將會全力支援預算以實現理想中的藍圖，2030 年引領約 1.3 兆美元的全球元宇宙市場主角究竟會是誰呢？雖然目前還無法預測，但希望身為文化與 IT 強國的韓國能成為其主要角色，而且我將也會身在其中。

閔文湖

METAVERSE

PART

1

Metaverse is coming

現在與元宇宙

元宇宙登場

發展元宇宙的 4 大要素

構成元宇宙的主要技術

什麼是數位人類？

娛樂產業虛擬網紅的應用

製作網路化身熱潮

數位原住民 MZ 世代

元宇宙的全球競爭格局

能回到過去旅遊的數位資產修復工程

靈活運用 AI 和 XR 的產業們

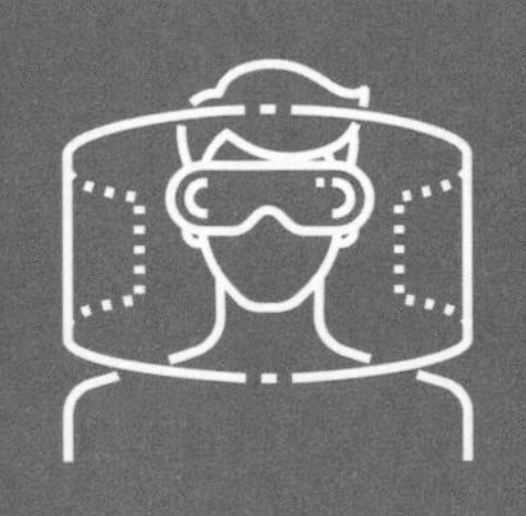

元宇宙登場

元宇宙是什麼呢？雖然在許多新聞和媒體中看到很多關於元宇宙的報導，但從單字來解釋的話，Meta 是「超越」、Universe 則是「宇宙」，虛擬和現實相互作用並在其中進行社會、經濟、文化活動，創造出有價值的世界的意思。

▶ 元宇宙的定義 ◀

META
(超越)
+
UNIVERSE
(宇宙 / 世界)

在虛擬和現實相互作用的世界中，
從事社會、經濟、文化活動來創造價值的世界從技術上來看，可以看成是以 XR 為基礎的數據網路和 AI 技術的融合與進化，用一句話來形容就是「數位化的地球」，以我的看法來定義的話，就是「設計時空、相互作用及進化的概念」。

元宇宙是什麼時候出現的概念呢？

它是起源於 1992 年一部名為《**潰雪**》的科幻小說，講述平凡披薩外送員 Hiro 在虛擬世界中拯救現實世界的故事，甚至在書中也出現了「元宇宙」一詞，30 多年前就出現元宇宙的概念，真是太神奇了。接著是 1999 年的電影《**駭客任務**》，這部當時相當受歡迎的作品，是講述英雄為了拯救因 AI 而被刪除記憶並生活在虛擬世界的人類，而展開殊死搏鬥的電影。2018 年史蒂芬．史匹柏的《**一級玩家**》也很值得一提，雖然票房成績不佳，但是很多元宇宙專家都很推薦這部電影，因為在電影中出現的技術，約有一半左右現在都已經能夠實現，因此具有重要意義。

史蒂芬．史匹柏在文化方面的高理解度就不用提了，但我想給這部電影技術方面的理解度很高的評價，另外還有《**阿凡達**》，這些電影都將成為理解元宇宙的好方法。

Netflix 的 CEO 里德·哈斯廷斯在給投資者的信函中曾表示：「Netflix 的競爭對手不是迪士尼，而是要塞英雄。」之所以不是選擇同為串流影音平台的迪士尼，而選擇元宇宙遊戲平台，是因為他認為今後成功的關鍵在於爭取及擴大用戶的使用時間，也就是無論企業是做影視或遊戲還是廣播，都應該專注於讓用戶在自己的媒體上，花更多時間並進行消費行為才行。

那麼以前就存在的元宇宙概念為什麼現在會成為如此熱門的話題呢？正是因為 NVIDIA 的 CEO 黃仁勳的發言，黃仁勳預測：「元宇宙世界正在到來。」元宇宙將成為繼網際網路之後的虛擬空間，也將比物理世界擁有更大的經濟價值；《**經濟學人**》週刊也引述此發言撰寫了相關報導，江原大學教授金相均（音譯）的《**元宇宙新機遇**》一書成為話題，我也認為元宇宙並不單純只是一個行銷的概念。

有人說元宇宙是以前出現過的用語，是為了行銷而使用的概念，從黃仁勳開發用於元宇宙技術的半導體芯片來看，毫無疑問的確是有行銷的部分。但是我不認為僅憑這一點，就能讓全球的企業都投身於此商業領域，造成這麼大的話題，在因為新冠疫情而快速形成非接觸式文化的現在，許多企業都在使用元宇宙來擴大事業，所以我認為這是可以持續的技術和概念。

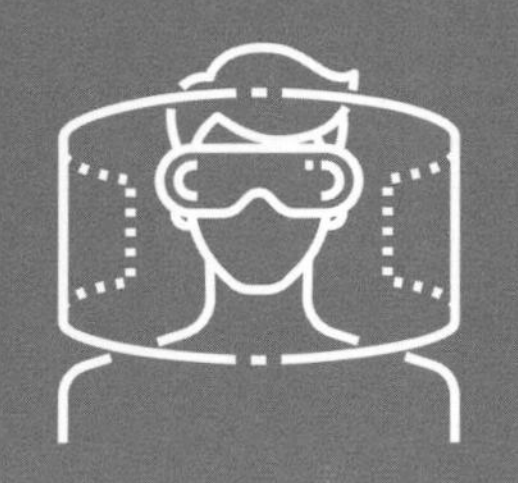

發展元宇宙的 4 大要素

前面提到 Netflix 最大的競爭對手是「要塞英雄」，如果說拿到大量投資、創造大量銷售是傳統的成功要素，那麼現在的標準就不是這樣了，傳統的競爭方式漸漸在改變。為了討論元宇宙的趨勢，讓我們來看看包括要塞英雄在內的元宇宙平台的動向。

夢想使用元宇宙平台擁有第二人生的要塞英雄、Roblox、Minecraft 等遊戲和可以在虛擬空間體驗多種經驗的 Naver 的 ZEPETO、SK 電信的 IFLAND、Gather 的 Gather Town 等，這些都是透過畫質、速度、設備的技術成長而成功使元宇宙 XR 商業化，5G 通訊技術和電腦、雲端技術的升級及智慧型手機功能提升至電腦水平所達成的結果，再加上 Google、Microsoft、Meta（原 Facebook）、Amazon、NVIDIA 等全球 IT 企業也為了「後疫情時代」的商業市場而爭相進入，為了使元宇宙平台持續成長，還需要以下要素。

第一，虛擬事件要能影響現實。例如，如果在元宇宙環境中上課，在現實中該學分必須要能被承認，這是最基本的要素。

第二，要建構完善的經濟體制。也就是說在元宇宙中工作，要能實際獲得收益，當然，在裡面賺取的收益必須要能兌換成在現實中也能使用的財物，因此虛擬資產很重要（因為政府不承認虛擬貨幣，所以被稱爲「虛擬資產」）。

第三，必須沒有物理上的異質感。虛擬空間的應用之所以停滯不前，是因為物理上的異質感，在虛擬空間裡玩遊戲，如果身體沒有相對應的感受會怎麼樣呢？因為沒有現實感就無法享受真正的元宇宙遊戲，因此還開發了搭載觸覺功能的 VR 套裝組，能提高使用者對遊戲的投入度。

雖然目前還處於初期階段，在價格和技術方面仍存在不足，但我國各大學都在持續進行技術研究，試著想像看看，戴上搭載觸感技術的設備，去參加喜歡的歌手在元宇宙平台上舉行的演唱會，如果能有真實握手的感覺就更好了。除了觸覺之外，全球許多企業也正在開發能具體體現味覺和嗅覺的技術，這對技術的進步具有重要意義。

第四，必須具備即時傳送龐大數據的技術。只有這樣，物理距離上相隔遙遠的人們，才能聚集在同一個空間中進行溝通，才能建構出經濟體制，雲端及網路都屬於這個領域，雖然還沒有進入活躍階段，但我認為已經超過了初期階段。

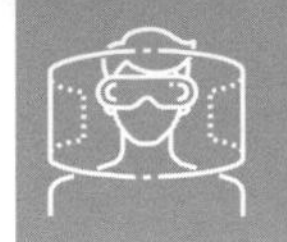

總結來說，虛擬和現實持續地相互作用和建構完美的經濟體系、消除物理性異質感、龐大的數據傳輸技術，將是創造持續可能的元宇宙環境的必要要素。

偶爾有人會問：1992 年《潰雪》出版時就提及的元宇宙為什麼現在才成為焦點，但當時的元宇宙不過是剛萌芽而已，還只存在於想像的領域，技術上是不可能達到的，試著想想用戶量暴增時就會卡住的遊戲吧，是不是很煩人？ 1992 年首次提及的元宇宙目前已經具備了一定的技術基礎，預計今後將會有更多人開始使用。

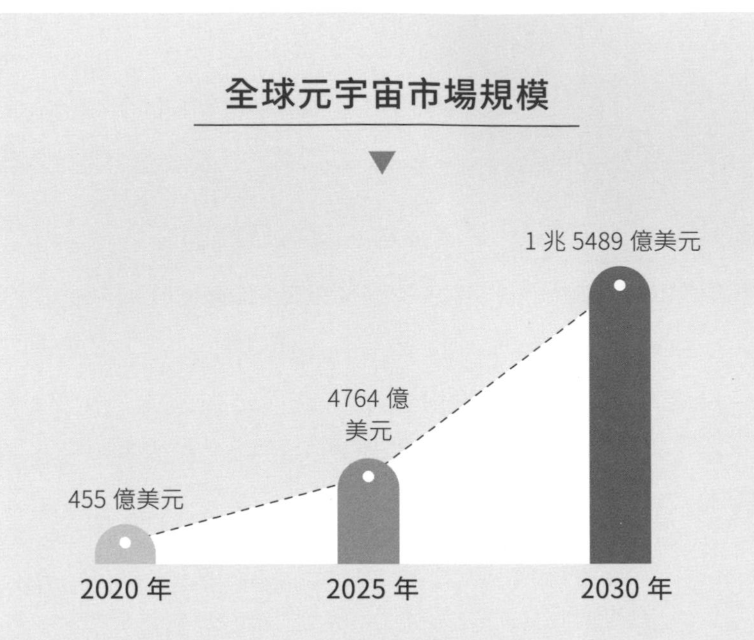

根據市場調查機構 Strategy Analytics 預測元宇宙的市場規模在 2020 年達到 455 億美元，到 2023 年將達到 4764 億美元以上，2030 年則將會達到 1 兆 5 千億美元以上。這是因為由於新冠疫情而快速形成的遠距社會型態，元宇宙作為新的平台備受 MZ 世代的關注。舉例來說，社群的代表人物 Facebook 宣佈將公司名稱改為「Meta」，將事業轉換為元宇宙領域；AWS 亞馬遜網路服務公司則為了元宇宙建構了伺服器和儲存裝置、網路；微軟正在開發連結元宇宙的裝置「HoloLens」。此外 Google 和 Kakao 在地圖上增加資訊表現出擴大世界的技術，Naver 和 Roblox 則致力於建構虛擬世界；韓國為了國家產業的競爭力也新編制了 22 億美元的相關預算。

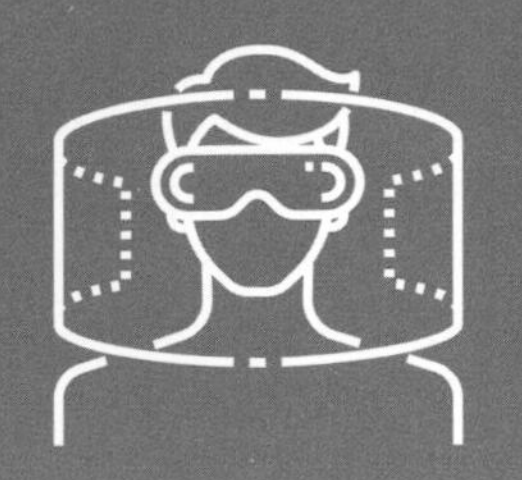

構成元宇宙的主要技術

元宇宙具體由哪些技術構成，今後哪些領域的技術將成為元宇宙的主軸呢？根據美國非營利技術研究團體 ASF 在 2007 年發表對元宇宙範疇的定義，元宇宙由虛擬實境、擴增實境、生活紀錄（Life Logging）、鏡像世界（Mirror world）組成。

▶ 元宇宙的 4 種類型 ◀

虛擬現實 Virtual Reality

用數位數據建構和現實相似或完全不同的替代性世界

擴增實境 Augmented Reality

將 3 次元的虛擬物體疊加至現實世界的技術

生活紀錄 Life Logging

捕獲、儲存、描述事物和人的經驗與資料的技術

鏡像世界 Mirror world

反映現實世界及資訊擴張的世界

虛擬現實是在數位構建的 3 次元世界中，使用網路化身互動的技術，其中最具代表性的是 Roblox 和 ZEPETO。增強現實，是將 2D 或 3D 影像構成的虛擬物體疊加在現實空間中，並且可以與其互動的環境，遊戲《Pokéon GO》就是如此。生活紀錄則是不受時空限制，將生活經歷或資訊等記錄在網站空間，如 Twitter 或 Instagram 等社群軟體。鏡像世界，是最大限度地反映出現實世界的樣貌和資訊，為擴大資訊的虛擬世界，Google 地球、Naver 和 Kakao 地圖等都屬於這一範疇。

類別	虛擬內容	現實世界	互動性
VR	High	Low	Middle
AR	Low	High	Middle
MR	Middle	High	High

* 出處：韓國電子部品研究院、元大證券研究中心

就這樣，元宇宙改變了過去以全球資訊網（www）為標準的網路商業模式，也改變了人們的生活方式，NVIDIA CEO 黃仁勳表示「元宇宙，將會成為繼網際網路後的下一個虛擬現實空間。」

就這樣，元宇宙改變了過去以全球資訊網（www）為標準的網路商業模式，也改變了人們的生活方式，NVIDIA CEO 黃仁勳表示「元宇宙，將會成為繼網際網路後的下一個虛擬現實空間。」

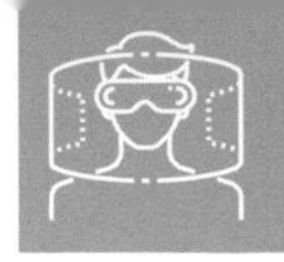

元宇宙作為後疫情時代崛起的新平台，可以實現現實世界和虛擬世界的雙向溝通，透過新的數位經驗和運作建構出系統，成為經濟活動的模式，事實上在 2007 年發表的元宇宙所需的 4 種基礎技術，在 14 年後的現在已經能實現到一定程度，因此可以將所有領域視為是融／複合的。

以遊戲產業為例，如果說以前主要是以用戶的第一人稱視角獨自享受的遊戲方式，那麼現在則是在社交功能增強的平台上，利用行動裝置成為創作者並享受遊戲。曾經只是被動消費的用戶現在也自主性地在元宇宙中享受購物、體驗醫療和健保服務，接受遠距教學、汽車試乘及展示施工現場來解決各種問題，因此企業也能根據消費者的需求，在元宇宙中延續具備競爭力的良性循環結構。

如果現實世界和虛擬世界能夠持續相互作用，那麼元宇宙馬上就會對現實世界產生影響，透過佩戴「XR 頭戴式裝置和 XR 動態捕捉衣」，來消除物理上的異質感，將虛擬貨幣兌換成實際貨幣，在元宇宙內進行盈利活動，隨著半導體技術的發展，我們可以期待未來將會形成一個能夠處理更大數據的世界。

重要的是要構建這樣的元宇宙世界，追求的是並非完全自由也非完全封閉的「開放世界」，於是出現了人人都可以進行經濟活動和用戶記錄（Lock-in）功效的「創作者經濟」，也就是說必須使用既能展現自我，同時也是元宇宙世界中的溝通媒介「網路化身」來運作。

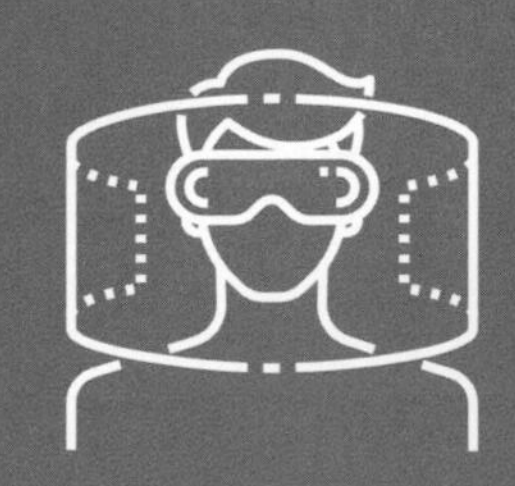

什麼是數位人類？

新的科技和文化創造新的人類，如果說第 3 次工業革命導致勞動型人類誕生，那麼在數位時代就會誕生數位人類，而且迎接元宇宙時代的我們將和他們一起生活，那麼數位人類到底是什麼，人類會和他們形成怎樣的關係呢？

所謂的數位人類，是 AI 聊天機器人和最新電腦圖形技術所結合的虛擬人物，他們能像人類一樣活動，由於 3D 技術精細的髮絲、因刺激瞳孔縮小和擴張、皮膚的細紋也都與人類相似，再加上 AI 演算法和大數據、雲端、高性能電腦等尖端科技技術，能夠 365 天每天 24 小時都在活動，這種數位人類目前多為網紅、偶像、品牌宣傳模特兒、銷售人員、顧問等，比起人類他們更符合企業和顧客的需求。

▶ 對話型 AI 市場規模 ◀

據全球市場調查機構 Markets and Markets 透露，全世界對話型 AI 市場每年將增長約 21.9%，到 2025 年將增至 139 億美元，美國經濟媒體《**商業內幕**》（Business Insider）預估使用在數位人類上的行銷費用將從 2019 年的 80 億美元增加到 2022 年的 150 億美元。

隨著 D2C（Digital human to Consumer）時代的到來，我們能和數位人類直接溝通並購買商品和服務，例如 P&G 的數位美容顧問 Yumi，就是負責回覆消費者對於保養上的問題，並提供給消費者正確的資訊同時推薦公司的新產品，且能說 12 種語言，隨時都可以與各國消費者進行溝通。

英國的通訊公司沃達豐（Vodafone）在賣場安排數位人類銷售員，將線上銷售渠道擴張到了最大值。在澳洲網路銀行 Ubank 的數位人類 Mia，提供貸款和利率條件等聊天諮詢。WHO 的數位人類 Florence，提供正確健康和疾病資訊的保健師作用。紐西蘭能源企業 Vector 的數位人類 Will 以奧克蘭小學生為對象，對地熱和太陽能等可再生能源進行教育。數位人類公司 UNEEQ 的數位人類教練 Cardiac，負責詢問心血管疾病患者的狀態、治療、飲食習慣等來幫助管理健康。此外，數位人類有望擺脫虛擬網紅，或像是 Florence 和 Cardiac 教練等幫助人類的智能型輔助作用的角色，發展成像電影《**雲端情人**》中的莎曼珊一樣，與真實人類沒有分別的 AI 朋友。

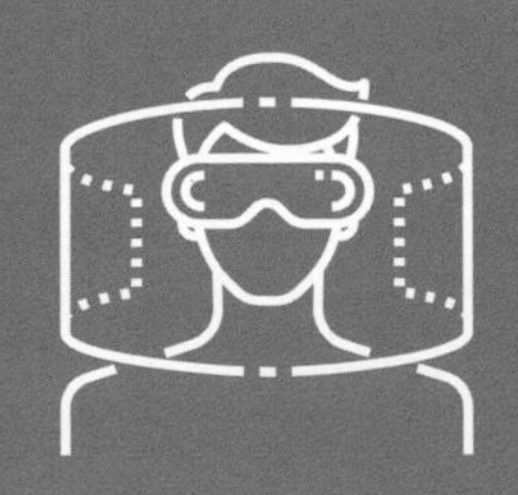

娛樂產業虛擬網紅的應用

虛擬網紅（Virtual Influencer）是由單字虛擬的「Virtual」和表示有影響力的人「Influencer」的合成詞。簡單來說，是指在 Instagram 或 YouTube 等網路空間活動獲得人氣的虛擬人類。目前有 200 多名虛擬網紅，企業將他們打造成符合的形象，把想要向大衆傳達的訊息製作成廣告並發行音源和 NFT。

虛擬網紅並不是最近才有的，追溯回過去的話，1996 年日本 HoriPro 製作公司就推出過虛擬歌手伊達杏子（Kyoko）；韓國在 1997 年也有第一位虛擬歌手亞當（Adam）及 1998 年的柳詩雅，他們都是以 3D 網路化身歌手進行活動。

但是，現在的虛擬人類卻略有不同。因為新冠疫情導致拍攝空間的限制，出現了可以不受空間限制製作的內容之虛擬人類，能夠在整個社群、廣告、娛樂產業中活動。

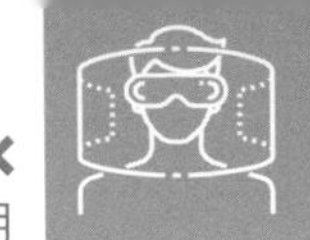

英國時裝攝影師威爾森（Cameron-James Wilson）創造出的數位模特兒舒杜（Shudu）在 2018 年出道並陸續和 Balmain、Tiffany&Co、三星、Vogue 合作。《**英雄聯盟**》遊戲中的 4 人虛擬女子團體 K/DA 的音源公開後，在美國 K-POP 排行榜上排名第一。新韓生活的數位模特兒 Rozy 在 Instagram 上的粉絲數就超過了 10 萬，榮登廣告界 10 億少女的寶座，以不變的外貌和充滿個性的角色穿梭於虛擬和現實之間，在世界各國也備受矚目。

▶ 虛擬網紅——Rozy ◀

＊出處：sidus studio x

另外，虛擬 Youtuber Rui 目前透過名為「RuiCovery」的 YouTube 頻道和粉絲們互動；LG 電子的虛擬網紅金來兒，是設定為從小在倫敦長大的 23 歲女性，光是官方 Instagram 帳號粉絲就達 1 萬 3 千多人；還有迪士尼角色的三星電子虛擬助理 Sam，也透過 TikTok、Reddit、社群和粉絲們進行互動；美國的 Lil Miquela 與 CHANEL、MONCLER、PRADA 等時尚品牌合作，光是在 2020 年就賺了 1,170 萬美元。

▶ 虛擬 Youtuber——Rui ◀

* 出處：dob Studio、Youtube < RuiCovery>

那麼該如何分類符合 MZ 世代喜好和文化的虛擬網紅呢？

第一種是網路角色型，不拘泥於特定人物的創造型角色，由現實世界的成員和 AI 製作的網路化身同時出道的女團 aespa 就屬於這一範疇，透過廣大的世界觀和多樣的故事，可以創造出多種收益模式。

第二種是重現人類型，這是將現實的人類數位化複製的形式，舉例來說 2020 MAMA（Mnet Asian Music Awards）演出時，BTS 成員 SUGA 因肩膀受傷沒辦法參加，最後是以虛擬角色登場來完成表演。

第三種是歷史人物型，採用 AI 深偽技術，使原本只存在於黑白照片中的歷史人物能活生生的重現。

雖然這些都是未來能表現得像真人一樣活動和對話的 AI 人類形態，不過目前還只是單純的形態而已。

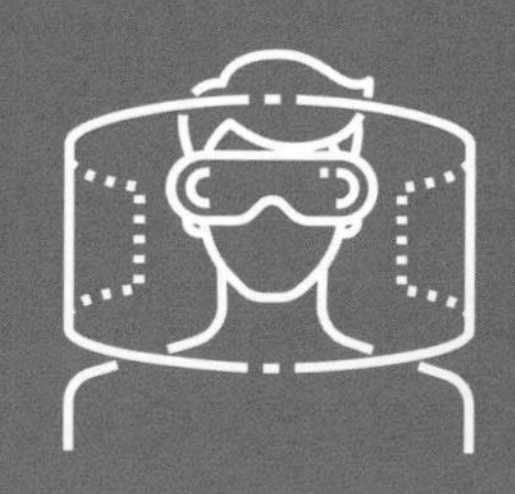

製作網路化身熱潮

在元宇宙的世界裡，可以表現出另一種面貌的自我，還可以展開多種經濟活動，這時需要的是所謂的「副角色」，主要由網路化身來扮演這樣的角色，在擴張的空間裡活動的。

▶ AI 人臉辨識生成網路化身範例 ◀

SM 娛樂公司的 aespa 是由 4 位成員和 4 位虛擬成員組成的女子團體，虛擬成員都是按照現實成員的模樣來製作的，那麼在元宇宙中的虛擬偶像是利用什麼技術形成的呢？

由遊戲角色製作的 K/DA 以其為基礎，運用了捕捉真人動作的動作捕捉技術，將真實人類的動作植入角色中，並用 AR 技術將舞臺打造出來，可以將 aespa 視為它的延續。我關注的虛擬 YouTube「Rui Lee」是用 Deep Real AI 技術將 7 張臉孔的數據混合製作出來的虛擬人物。現在娛樂企業們都正開始製作虛擬偶像，Sidus Studio X 正在打造三人組的虛擬偶像；Netmarble 和 Kakao 則正在開發 K-POP 虛擬偶像角色。此外，AI 圖形專門公司 Pulse9 製作的 AI 偶像「Dain」個人出道曲在 YouTube 的點擊率高達 179 萬次，那麼虛擬偶像的優點是什麼呢？

第一，可以豐富偶像的內容。偶像們能提供的內容不僅僅是歌曲、舞蹈和演出，還有將成員們卡通化進行說故事（Storytelling）的內容。還記得 2012 年男子團體 EXO 出道的時候嗎？每個成員都有只在幻想中才擁有的瞬間移動或冰凍等超能力的設定，雖然對不感興趣的人來說這可能是荒唐的設定。但是，EXO 的粉絲們以這個幻想世界觀為基礎二創了周邊產品，這就是粉絲利用偶像內容創造出來的商業成果。aespa 就是由這種虛擬空間和虛擬角色結合製作而成的，從這一點來看可以更自由地進行內容創作。

第二，可以節省費用，基本上培養偶像需要花費很多錢，包括長期練習費用、整型手術和減肥費用、外語和媒體應對等教育費用。但虛擬偶像可以跳過這些階段，而且和人類不同，他們可以工作 24 小時，也沒有年齡的問題。在作為偶像，無法避免被檢視的品行問題上也沒有後顧之憂，很多偶像因為品行問題而惹出麻煩，但虛擬偶像就不會如此；因為沒有上過學，所以不會引起校園暴力爭議；也因為不是真的人類，所以不會有戀愛和毒品的醜聞。

這樣看來虛擬人類在娛樂產業確實更有效率，但也有令人擔憂的地方，如果標榜像 Rui Lee 這樣才是受人們喜歡的長相，那就會加深外貌至上主義，美麗的定義也會變得狹隘。利用深偽技術也能製作虛擬網紅的不雅影片，因此有必要更近一步討論，目前只賦予人類的人格權和肖像權是否也能同樣賦予虛擬人類。

▶ 虛擬技術的雙面刃 ◀

優點

- 易於平台產業擴展
- 不會有人品爭議和醜聞等問題
- 不需要額外的訓練費用

缺點

- 可能強化外貌至上主義
- 可能使用深偽技術製造不雅影片或是虛假的新聞

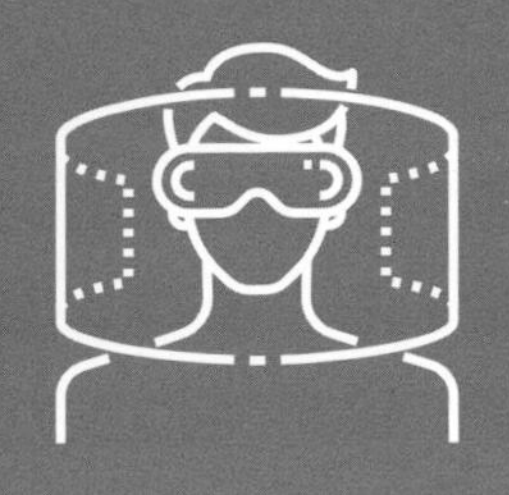

數位原住民 MZ 世代

數位人類是根據 MZ 世代的喜好和文化來設計運作的，那麼 MZ 世代的特性是什麼，和元宇宙產業實際上又是如何連結的呢？

上一個世代是操作模擬機器並學習數位工具的存在，被稱為「數位移民」，通常是指 1980 年以前出生的人，其特徵是會搜尋工作和生活所需的資訊並運用，但是多為單方面接受資訊。

相反 MZ 世代是數位原住民，是在 1980 ～ 2000 年之間出生的世代，從出生開始就有電腦和智慧型手機，能自由使用有線、無線的數位工具；另外也透過 Facebook、Instagram、TikTok 等社群展現自我並產出多種內容。他們在網路遊戲中與他人溝通、建立社群、共享共同關心的事、創造潮流的能力非常卓越，而且重視自由和個人興趣，對自己喜歡的事情會表現出忠誠和熱情。他們使用 AI 量身訂做型的推薦服務，只「訂閱」自己感興趣的內容，對於沒有興趣或非喜好的內容不買單，也能認可各種不同的背景和文化。

因為透過社群能和許多國家的人進行交流，承認「不同」是在元宇宙中活動的一個重要品德，和上一輩對現實和虛擬空間的認知不同，數位原住民認為現實和虛擬空間沒有分別，也不受時空的限制。

這樣的 MZ 世代和新冠疫情所觸發的元宇宙產業有著密切的關係，在新冠疫情爆發之前，即使像是使用網路連接的社群、寶可夢 GO、動物森友會等，都仍停留在非接觸式的網路環境。

▶ 元宇宙中的商業活動 ◀

但是，在進入後疫情時代的現在，元宇宙平台被視為替代現實的工具，因為它被用來解決現實世界中缺乏基本需求關係的方法，像是利用數位科技的線上視訊會議、遠距教學等，MZ 世代可以自由運用並製作出內容。

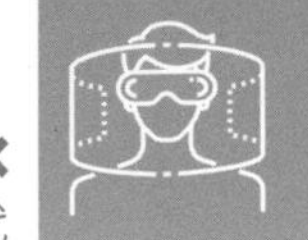

MZ 世代已經習慣了透過元宇宙與其他人溝通或見面，並希望在線上也能有和線下類似的體驗，於是利用元宇宙製作了很多虛擬化身打破現實和虛擬的界限，展開融合的世界。再加上粉絲文化成為了元宇宙娛樂產業的主軸，他們不是在消費文化而是在積極地創造出新文化並體驗，MZ 世代的特性相當符合元宇宙的市場和產業，有望在未來能帶動多樣的發展。

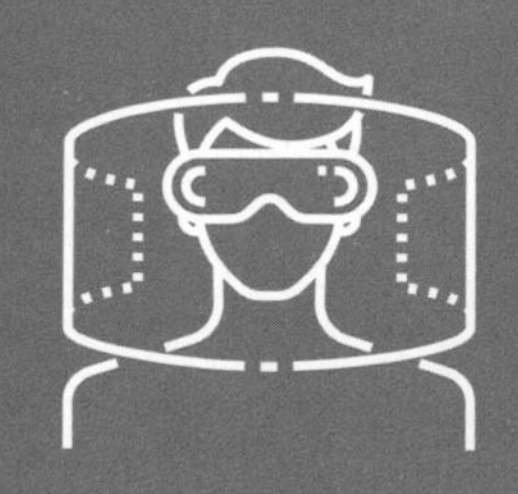

元宇宙的全球競爭格局

從目前元宇宙市場的全球競爭格局來看，四大巨頭是誰呢？

如前面所說，最強的元宇宙平台是要塞英雄。作為 Epic Games 的平台，中國的遊戲企業騰訊擁有 40% 以上的股份。要塞英雄僅用戶就達 3 億 5,000 萬人，韓國偶像團體 BTS 也在此推出了舞蹈版本 MV；美國饒舌歌手崔維斯・史考特在該平台演出時，同時在線人數達到了 1,230 萬人，如果崔維斯・史考特在韓國演出能有多少人一起觀賞呢？韓國並沒有能一次容納 10 萬人以上的空間。

第二個是 Naver 的 ZEPETO。ZEPETO 的用戶約有 2 億人左右，大部分是海外用戶，韓國的用戶佔比不到 10%。ZEPETO 的虛擬化身非常精緻高級，Gucci 在 ZEPETO 經營的「ZEPETO Studio」以意大利佛羅倫斯為背景製作了 Gucci 別墅，MZ 世代能在這購買名牌單品來裝飾虛擬化身。如果 Gucci 包包的價格是 1730 美元，那麼在這裡只需要約 3 美元就可以買到，現實世界中很難買到的名牌商品，在這裡很多都只要約 1 美元就能購入，Nike、Christian Dior 等衆多時裝公司也都入駐於此。重要的是，在這裡銷售的商品有 80% 以上都是用戶親自製作的商品，每天約有 7,000 ～ 8,000 個以上的商品登錄，以用戶為中心的生態界相當令人驚訝。

第三個是微軟的 Minecraft。Minecraft 的虛擬化身比較粗糙，是由長得像樂高角色的虛擬化身們相互互動。2020 年加州柏克萊大學在 Minecraft 舉行了虛擬畢業典禮、韓國青瓦臺也在此舉辦了兒童節活動。

最後是 Roblox，特別的地方是 Roblox 內的 5,000 萬個遊戲中，大部分都是用戶自己製作的遊戲，每年製作數百萬個遊戲，透過販售數位道具及升級而來的收益大部分都由獨立開發者賺取。有 10 幾歲的獨立開發者已經擁有私人祕書和員工來運營此事業，其中有幾個人還晉升至百萬富翁的行列。Roblox 每月使用者約達 1 億 5,000 萬名，他們在 2021 年第一季就已經累積使用了 100 億小時，也就是說每天大約有 4,200 萬人登錄使用。另外，他們為了購買裝飾的帽子、熱氣球和虛擬化身的道具，已經支付了約 6 億 7,000 萬美元來購買遊戲貨幣 Robux，該虛擬貨幣的價值約為 0.0035 美元。

除此之外，還有傳統遊戲中最知名的任天堂在 2020 年推出《**集合啦！動物森友會**》，用戶約達 6,000 萬人，美國拜登總統還在遊戲中建立了選舉陣營一度成為焦點。此外 Meta（原 Facebook）於 2014 年以 23 億美元收購的 Oculus 現在已成為 XR 市場龍頭，NVIDIA 則正在提供 Beta 版本服務。

▶ 用 ZEPETO 角色展示的 Black Pink 舞蹈表演 ◀

＊出處：NAVERZ、ZEPETO

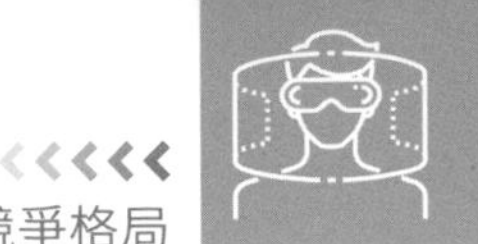

元宇宙產業在韓國的動向也非常活躍，NCsoft 與 CJ 聯合運營 K-POP 專用的元宇宙，雖然曾經也是 SNS 市場的霸主，但由於無法適應行動通訊市場而消失的 Cyworld，也即將推出以元宇宙平台為基礎的 Cyworld Z。

在韓國元宇宙技術中，對於全球潛在市場性較高的領域是硬體和軟體平台領域；韓國的流行音樂和網路漫畫、電視劇市場的質量已經得到了充分的認可，正在引進對數位資產所有權的概念，並積極進行 NFT、區塊鏈技術的研究。

▶ Minecraft ◀

* 出處：Minecraft

如果將 1990 年代定義為線下時代、2000 年定義為網路時代、2010 年定義為行動時代，那麼未來則可以定義為元宇宙時代。如此看來將會由 MZ 世代中 10 幾歲的年輕人為主軸來引領元宇宙市場，企業們有必要了解擁有粉絲文化的大型娛樂公司之元宇宙事業，和能打中這個年齡層消費者喜好的內容。

那麼在韓國以 MZ 世代為中心、遊戲為基礎的元宇宙產業是如何擴展的呢？現在企業舉行員工會議和教育；娛樂企業舉行演唱會、粉絲見面會；各大學在元宇宙平台上舉行開學典禮。新韓銀行也在自己的元宇宙平台「新韓 SOL 棒球公園」邀請 2 萬名粉絲舉行了「迎中秋 SOL 棒球大盛宴」。現代百貨和 CyworldZ 攜手致力於擴大直播市場；DBG 金融控股和 SGI 首爾擔保保險公司，用元宇宙平台召開幹部員工會議，吸引了中老年層員工的參與。延世大學用 Gather 舉行了外國人新生歡迎會；高麗大學與 SK 電信 IFLAND 簽訂了協議，正在準備建構以元宇宙為基礎的智慧校園。此外，在不動產領域，還推出了運用虛擬樣品房和地產科技技術的房地產服務，從運用大數據分析商圈到中介，利用物聯網來租賃管理房地產、VR 立體圖服務等都屬於這個範疇。

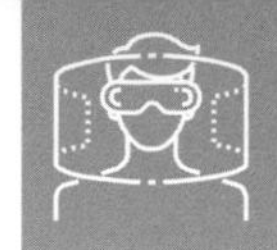

像這樣在多個領域中應用元宇宙。可以反映出在虛擬空間進行經濟活動這種新的數位體驗趨勢，這本身就具有吸引 MZ 世代、打造引領數位企業形象的效果。尤其透過將虛擬人類應用於市場行銷，可以針對特定顧客投放量身定做的廣告，從長遠角度來看可以節省廣告的費用，另外不受時空限制，可以持續進行品牌廣告。

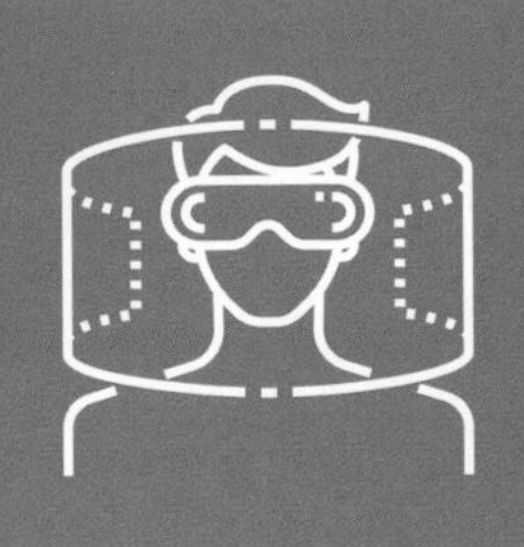

能回到過去旅遊的數位資產修復工程

數位資產具有永續性，因此能成為數位文化遺產，即「數位遺產（Digital Heritage）」。簡單來說數位遺產是指將文化資產或模擬資料數位化的遺產，現今最好的文化遺產數位復原員們，也正在挑戰多種不同的領域。如果將虛擬人類分為網路角色型、重現人類型、歷史人物型的話，在數位遺產領域裡「歷史人物型」的修復最為常見。

舉例來說，近期公開的利用深偽技術展現黑白照片中偉人簡單動作的內容，之後或許可以和他們進行對話或座談會，這也可以應用於娛樂產業。試想一下有一天可以和風靡一時的瑪麗蓮夢露、披頭四、皇后合唱團等一起演出和聊天，若能靈活運用元宇宙，娛樂產業將會變得更優秀。

我也正和樸鎮浩博士等人攜手合作，透過數位修復內容在元宇宙空間裡體驗絲綢之路，如果能去看 1,300 年前烏茲別克的前首都撒馬爾罕的壁畫，和拂呼縵國王對談的話，就能更加生動地理解絲綢之路的歷史。

▶ 數位修復繪有韓國使臣的撒馬爾罕阿弗拉西亞布宮壁畫 ◀

目前韓國文化遺產復原事業中的「數位遺產項目」正在如火如荼進行中。實際上文化遺產廳於 2011 年用 3D 立體影像復原了石窟庵和八萬大藏經、僧舞等。2012 年對隆健陵進行了實地拍攝之後又以 3D 立體影像復原。2013 年復原了昌德宮、傳統走繩索、河回別神祭，並於 2017 年以 VR・AR 內容復原了水原華城。那麼，像這樣的復原工作將會有什麼樣的成果呢？

目前復原的數位遺產，既能傳達文化遺產的資訊又能傳達其價值，還擴展到了體驗領域。一般在博物館或數位文化遺產影像館等地，會以媒體藝術的方式放映，全羅南道資訊文化振興院舉辦的「高麗青瓷展示館計畫」吸引了 12 萬名參觀者。

▶ 石窟保存佛像的全像攝影 ◀

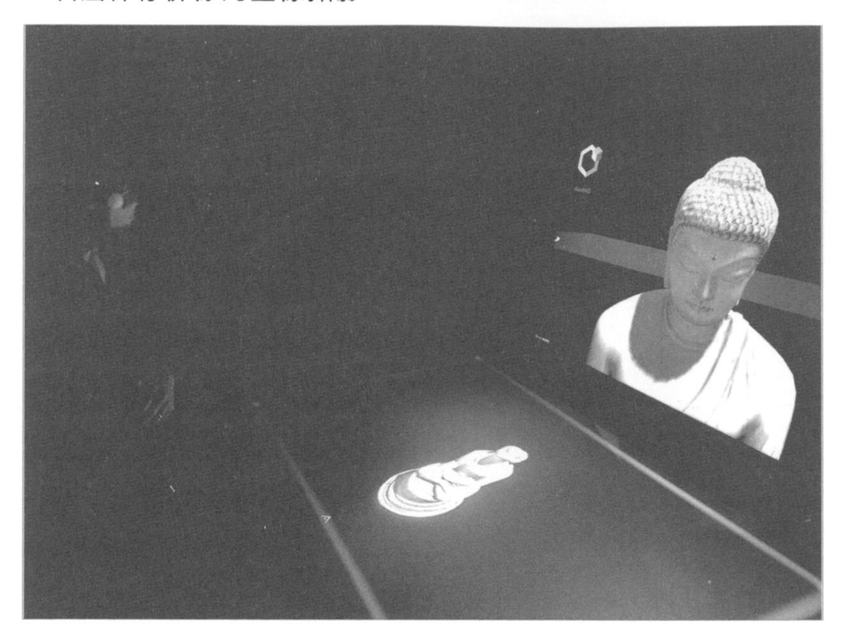

▶ 太平城市圖互動體驗 ◀

* 出處：韓國國立中央博物館

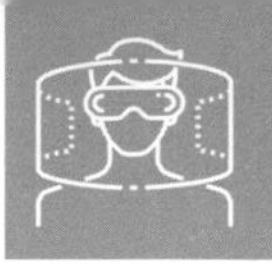

具體來說，數位遺產復原事業是以「文化遺產復原」為目標，目的大多是希望將其以數位歸檔，也就是說將只剩一部分的文化遺產復原成完整的模樣並記錄下來，像是復原只剩下廢墟的寺廟遺址也屬於這種情況，如彌勒寺址、黃龍寺、西鳳寺等皆已經復原。

如果以「提供資訊」為目的的話，就會在文化遺產內容中加入並提供資訊，像是石窟庵就向遊客展示了錦江歷史、菩薩、釋迦牟尼等資料，並廣泛用於教育上。舉例來說，如果去韓國國立中央博物館的佛教繪畫室的話，就可以體驗和數位復原後參與 16 世紀壬辰倭亂的西山大師和 19 世紀的畫家申謙對話。意即靈活運用識別感測器和 3D 技術、動作捕捉技術，就能讓活在不同時代的人物和現在的觀眾進行溝通。

▶ 數位復原的西山大師和申謙 ◀

＊出處：韓國國立中央博物館

像這樣將數位遺產復原領域結合 AI 技術，可以發掘和開發更多樣的文化資訊，可以說能進行回到過去的「數位遺產」領域，就是能夠實現元宇宙時間旅行事業的其中一個軸心。

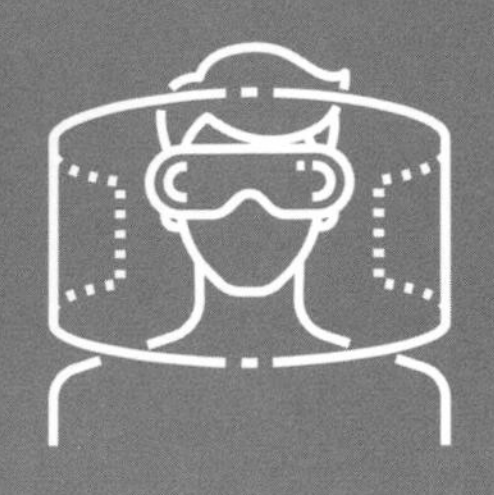

靈活運用 AI 和 XR 的各種產業

應用 XR 技術最活躍的是健康管理領域，但是最能體驗虛擬空間內容的是運動項目。雖然還處於起步階段，不過最近 KT（大韓民國的電信公司）和國民體育振興公署、Afreeca TV 一起開設了「XR 遠距體育館」，指導跆拳道、瑜伽和健身。現有的居家訓練是在家裡播放影片並跟著做的形式，因此可能存在因為不能接受正確指導而無法持續運動的缺點。但如果使用 XR 遠距體育館，就算不與他人接觸，也可以接受正確的姿勢矯正並持續享受運動的樂趣，就

現有影片居家訓練	結合 AI 技術的居家訓練	結合 XR 技術的居家訓練
• 只能看到教練的其中一側 • 動作很難得到反饋	• AI 教練識別並調整關節動作 • AR 姿勢指導能 360 度展示教練的示範動作 • 可以同時觀看 4 種角度的「多視圖」	• 運動動作用 210 度的角度立體展示 • 加入三次元關節資訊，能更細緻地示範運動姿勢 • 支援將語音文本用字幕呈現的 STT 功能

能在和實際運動設施相同的背景中感受到真實感。以使用微軟的深度攝影機為例，因為能夠測量出每個關節的角度並標註出來，所以可以接收到更細緻的動作指導。

▶ 結合 AI 技術的居家訓練 ◀

XR 技術也正積極應用在數位療法領域中，以下服務是為了減少孕婦產前疼痛及穩定心理的 XR 技術，孕婦戴著 VR 設備，透過設備可以看到舒適的畫面和正面訊息來減輕疼痛感。實際上平均約有 0.52% 佩戴 VR 設備的參與者感到疼痛減少，而未佩戴 VR 設備的參與者則有 0.58% 表示疼痛感增加。

▶用 VR 設備降低生產疼痛◀

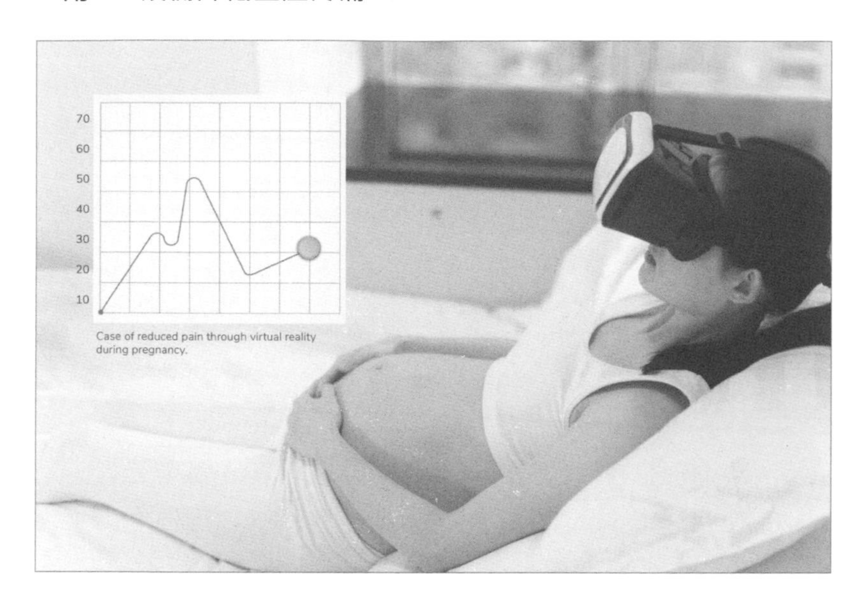

此外數位療法還用於讓癌症患者——手術前後安定身心的呼吸和冥想程序，還有為腦疾病患者和癡呆症患者準備的 VR 康復治療方案等。患有帕金森氏症、腦中風等需要復健的患者能在 VR 空間內做訓練，以及輕度患者可以利用手勢識別機器接受康復治療。預計數位療法將是高齡層需求較多的領域，在遠距的時代，親自到醫院拿處方籤後再到藥局領藥的流程，也是必須要改善的醫療環境。

教育領域的 XR 技術有很大的進步，東首爾大學利用虛擬化身參加授課即是使用自動出勤系統；漢陽大學也用虛擬教授進行過遠程授課。教育領域的體驗內容也呈現增加的趨勢，藉由開設 VR 地質勘查、AR 科學實驗室等不斷吸引用戶。我也正在開發以「古代文明探險」及「探索未來」為主題的元宇宙教育平台。

現在用 Zoom 來上課已經不是一件陌生的事，但是，我認為直接見面溝通和實習也是教育的一環，因此使用元宇宙平台將成為常見的狀態，不是為了實習而進入某個空間，而是在元宇宙準備的空間裡實習。

另外，因為事前提供工作或活動的額外資訊，而提高工作效率的事例也不容忽視，運用 XR 的教育和訓練，也被評價為比普通文字或影像媒體更具真實性和沉浸感，透過以 XR 來代替實物教材，可以期待將會帶來產量增加和訓練費用減少的效果。

多年來一直致力於開發 AR・VR 產業，以及教育基礎知識解決方案的 Eon Reality 其「Eon XR 平台」，就是透過 XR 技術打破知識壁壘（Knowledge Barrier）的好例子之一。因為他在泛濫的元宇宙服務市場上，維持「傳達知識的元宇宙（Knowledge-Transfer Metaverse）」這個明確的方向擴展其事業。

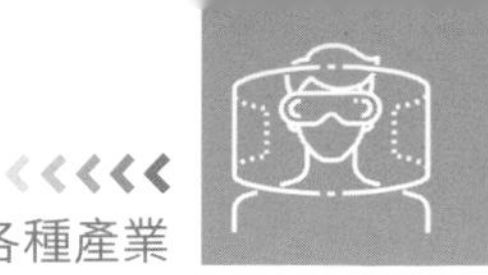

▶ Eon 利用 XR 平台的教育案例 ◀

設備安全訓練領域

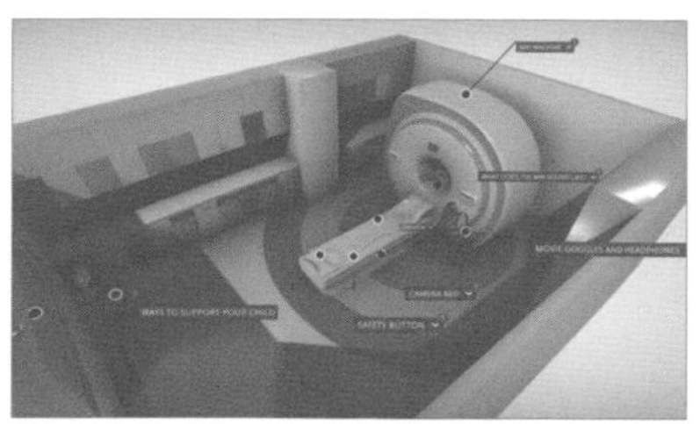

健康管理領域

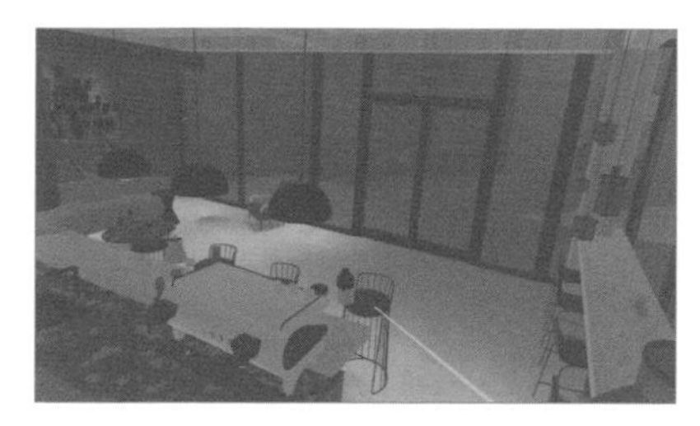

產業設計領域

室內設計領域

交通領域

能源領域

製造業領域

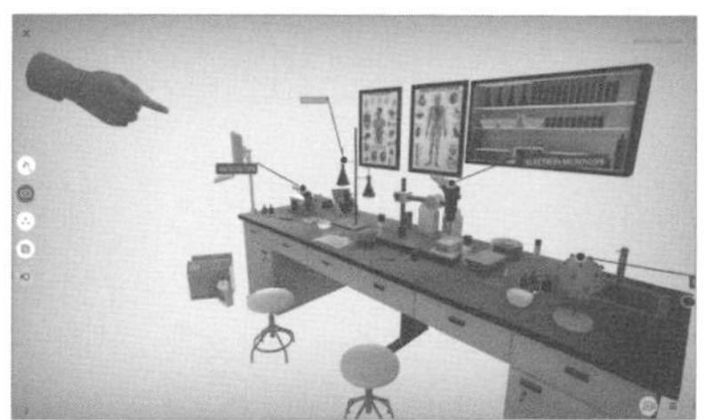

製藥領域

Eon XR 平台用簡單的點擊和操作、應用程式提供的功能，代替了製作 XR 基礎教育內容所需的編碼或建模等知識，讓普通人也能在短時間內製作出優秀的 XR 教育內容，而且可以製作的內容也不侷限在一種領域。不僅可以製作交通、能源、製造、製藥等產業及學術領域的教育內容，還可以適用於設備安全訓練、健康管理、室內設計、產業設計等領域。

當然現在還有很長的路要走，想要確實應用 XR 就必須先降低高價的設備，最終也必須開發出即使沒有高價設備也能連接 XR 環境的技術，包括能更生動體驗的觸覺技術和動作感知技術等。

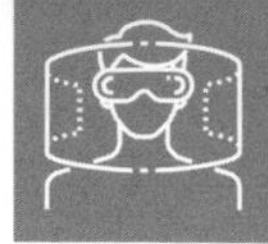

METAVERSE

Metaverse Archive

過去與元宇宙

已經存在的元宇宙，從電腦通訊到 Instagram

永遠的勝利者，復古行銷

中壯年層和高齡世代的飛躍

已經存在的元宇宙，從電腦通訊到 Instagram

我已經在使用元宇宙了，不只是我，和我生活在同一時代的人們，大多數也在不知不覺中體驗和使用了元宇宙。1990 年代是電腦通訊快速發展的時期，有「Chollian、HiTEL、Nownuri、UniTel」四大服務，擁有 350 萬名用戶，使用電話線連接數據機，因此很難處理圖像數據，所以使用了藍色背景的論壇以聊天、同好會活動為主的文本服務，並用搜索指令的方式來操作。

在 HiTEL 的主公告欄「大村莊」中大家認真討論各種社會議題，在聊天室裡與陌生人成為朋友也能成為戀人。1997 年上映由韓石圭和全道嬿主演的電影《**傷心街角戀人**》就展現了這樣的時代背景，兩人使用「UniTel」聊天，在鍾路的皮卡迪利劇場前相遇（多虧了這部電影，UniTel 的用戶才得以爆發性地增長）。而且 UniTel 於 2003 年在網路的基礎下將系統全面改版，出現了可以上傳照片的個人主頁，製作了網路化身並且可以用各種道具來裝飾。HiTEL 還開通了固定用量的網路空間服務，以便人們共享數據；但是，在以「Naver」和「daum「為代表的門戶網站服務出現後，

電腦通訊的時代就逐漸結束，正式開啟了網路時代。

2003 年 Say Club 是用戶超過 2,000 萬名的巨大平台，1997 年 Say Club 推出世界首個利用網路的聊天社群服務而成長起來，並以線上同好會和網路聊天引領了網際網路文化。因為可以自由調節文字的顏色和字體，人們開始花錢裝飾自己的網路化身；對此，Say Club 還提供用戶製作網路化身的貼紙、名片、馬克杯等服務。因為是用匿名聊天，所以被稱爲「快閃」的見面方式也流行起來了，透過音樂服務來分享心情，也可以成立個人的電台來進行廣播。

1999 年 10 月被稱為韓國第一個 SNS 的「I Love School」問世了，透過尋找從小學到大學一起度過學生時代的朋友和前後輩的服務，掀起了同學會效應，光是會員就高達 500 萬人。但是，如果找到同學舉行線下聚會後，就不需要再使用 I Love School 了，所以為了防止用戶的流失和創造收益模式，而有了上傳照片和影像的個人化服務，但因有會員發生了破產的狀況，導致服務很快就終止了。

2000 年出現的 Freechal 吸引約 1,200 萬名會員，成為第一名的社群，首次展示虛擬化身系統的也是 Freechal。Freechal 會推薦適合用戶年齡的 2D、3D 虛擬化身，還有可以選擇五官和膚色、髮型的美妝區、選擇時尚單品的時裝區、設定場所的背景區、選擇情感的表情區等。另外還有販售藝人時尚單品的虛擬化身購物中心，可以創造特定品牌的時尚單品；能開設虛擬化身電視牆服務，來宣傳結婚或生日等個人的重要節日。還出現了可以用聲音來註冊的「語音化身」，但是，他們的地位拱手讓給了可以免費使用這些服務的 Cyworld。

1999 年成立的 Cyworld 推出了迷你小窩服務和家族系統，能裝飾個人空間及共享私生活的功能讓人氣迅速飆升。好友功能可以限制展示個人空間的對象；透過搭便車功能，則可以到其他人的迷你小窩，這就是它的魅力所在。再加上有了發送便條紙就能進行聊天的服務，成為 NateON 通訊市場成長的契機。

Cyworld 中不可或缺的就是使用名為「松果」的虛擬貨幣，用戶使用松果來購買裝飾背景的音樂和虛擬化身的道具。2000 年代 SK 通訊每天平均賺取 24 萬美元，年銷售額達到 8 千萬美元，2007 年 SK 通訊的市價總額就已經超過了 10 億美元。Cyworld 可以記錄自己的生活，和喜歡的人成為好友並進行交流，這項生活紀錄的功能可視為元宇宙的服務前身。

Cyworld 走向衰落的原因在於無法適應數位環境轉換到手機上，隨著智慧型手機的出現和適合行動網路的 Facebook、Twitter 等登場，Cyworld 也成為了時代的遺物，再加上 Kakao Talk 的出現，NateON 聊天工具也被取代了。

▶ Cyworld 迷你小窩 ◀

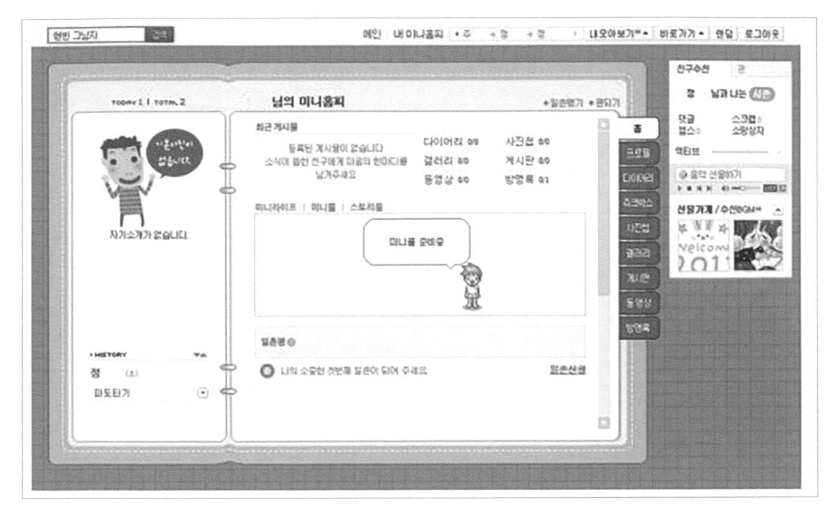

* 出處：싸이월드

最近 Cyworld 計畫使用元宇宙平台重新恢復服務，據了解熟悉 Instagram 等社群的 20 ～ 40 歲世代已經有 1,000 萬人加入了 CyworldZ 的「尋找照片」試用服務，因此可以看出還是能在一定程度上聚集用戶，當然能否因為被回憶吸引而持續使用還是個疑問。CyworldZ 主要競爭的對象是 10 幾歲的青少年們主要使用的 ZEPETO 和 Weverse 等，只有能提供差別化的服務才有機會取得成功。

雖然元宇宙這一個名詞好像很新穎，但我們其實都已經在使用元宇宙的服務了。以往只能透過唱片製作公司才能出道的音樂人，現在能藉由在個人平台上傳音源而獲得人氣。在過去，要進入文壇才能成為作家的寫作者，現在也可以透過電腦在網路上發文出版書籍。例如，售出超過千萬冊的李愚赫的《**退魔錄**》是在 1993 年 7 月登上 HiTEL 文學館的《**納涼特輯**》並出版與製作成電影；1996 年在 HiTEL 連載的李榮道的《**龍族**》在世界各國也大受歡迎，成為類型文學的開創者。金浩植的《**我的野蠻女友**》是 1999 年 8 月在 NOWNURI 幽默版上以「牽牛 74」為網名發表的真實戀愛故事而獲得人氣的作品。就這樣，個人透過電腦網路共享知識，進而產生了優質的文化，從推翻現有規則、主導大衆文化現象這一點來看，電腦通訊的角色具有重要意義。

▶ 網路模式的變化 ◀

	網路革命				元宇宙革命
	PC 時代		手機時代		XR 時代
連接虛擬空間方式	電腦通訊	網路 (2D)	手機	智慧型手機 (2D 行動網路)	穿戴裝置 (3D 空間網路)
網路環境	有線電話網路	高速網路	行動網路	4G LTE	5G、6G
	1980 年代	1990 年代	2000 年代	2010 年代	2020 ｜ 2030 年代

* 出處：元大證券研究中心

2000 年起高速網路終於開始普及，並能達到即時溝通的作用，透過 NateON、MSN 可以比電子郵件和簡訊更快地共享文本、照片和影像，人們喜歡將數位相機拍攝的照片，上傳到個人空間和大家分享。直到 2010 年智慧型手機開始普及，社群轉移到以隨時隨地都可以使用的手機為主，利用 Kakao Talk 和 LINE 聊天，用 Twitter、Facebook、Instagram 等向大眾即時分享話題。

那麼過去的元宇宙和現在的元宇宙有什麼區別呢？如果將過去元宇宙的時代定義為「網路時代」，就可以正確比較其侷限性和對未來的啓示。

教育領域主要以 2D 方式呈現，如果離開畫面外就會很難掌握其行動，而且很難阻斷外部的干擾因素，如果想要改進到依然能聽清楚老師講話的水準，那麼在未來元宇宙平台上，利用無限的空間和資料的應用，就可以實現像是面對面互動的水準，還可以確認每個學生的行動。

在購物領域，過去即使是在網路上購物，也只能等東西送到才能確認，但未來透過虛擬體驗，就可以先試穿後再購買商品，將會出現用戶個性化的平台。在管理海外設施方面，直到實際確認前會產生時間和金錢的費用，而且發生問題時很難立即採取應對措施，但未來隨著智慧管理系統的落實，就能從總公司即時管理和監控海外的工作現場。

另外開發新產品時，如果說過去從模型製作到驗證需要花費大量的開發時間和費用，那麼未來從檢驗虛擬設計開始，到集結各領域專家合作將變得更容易，即使花費低成本也可以開發出多樣的產品。

永遠的勝利者，復古行銷

人類習慣於對舊的事物感到癡迷，「麥修撒拉症候群（methuselah syndrome）」是一種沈浸在美好回憶，但想抹去不好的記憶的逃避心理現象。如果經濟不景氣、社會不穩定，4、50 歲的人就會開始回想過去的幸福回憶，而 10 ～ 20 歲的人則會從自己從未經歷過的舊時代物品和舊場所中感受到新鮮感。將新潮（New）和復古（Retro）合併的新造詞 New-tro 與以往所指的復古不同，是將過去重新詮釋的現代概念，那麼 New-tro 又要如何和元宇宙平台互相結合呢？

Cyworld 乘載了千禧世代的回憶，擁有 170 億張照片、5 億 3,000 萬個 MP3 檔案、1 億 5,000 萬個影片、180 億個數據資料、3,200 萬名會員。新的 CyworldZ 計畫推出結合現有 2D 虛擬化身和 AR 技術的 3D 虛擬化身，並開發使用區塊鏈獨立構成生態系統的主網（Mainnet），發行自己的虛擬資產及音樂、網路漫畫、網路小說、線上影音服務等。

Cyworld 能否在給予用戶舊回憶的同時，還能提供有新鮮感的內容，關鍵在於 10 ～ 20 歲世代專有的元宇宙能否讓現有的 Cyworld 用戶使用，元宇宙生態系統的建構也將成為預測的標準。

▶ CyworldZ 迷你小窩 ◀

＊出處：Cyworld

中壯年層和高齡世代的飛躍

雖然元宇宙目前是在遊戲和社群領域非常活躍，但不久的將來會擴展到整個產業和社會的每個部分。因此為了使不熟悉高科技機器的老年一輩能理解和應用，有必要讓他們進行元宇宙平台的教育，尤其是對人類存在的哲學性和對時空的理解，都和現有的常識及慣性不同，因此未來教育是必須的。

2021 年 5 月我在韓國國立中央圖書館專題演講時，來聽元宇宙講座的人大多是 50 歲以上的中壯年層，那麼在現實生活中他們要如何透過元宇宙來獲得經濟方面的利益呢？

現在 50 歲以上的中壯年層在線上購物中心、外送 APP、OTT 服務等消費領域嶄露頭角，企業不僅是用於舉行招募說明會，也有開始利用元宇宙平台舉辦員工活動的趨勢。愛茉莉太平洋運用元宇宙舉行了創立 76 週年紀念活動，讓員工以遠距的形式參加活動；SK 證券在 IFLAND 舉行了約 40 多名管理人員參加的會議。曾被認為是 MZ 世代專有物的元宇宙平台，現在也漸漸接近正處於經濟活動中心的中壯年層之間。

實際上，來聽演講的中壯年層們的目標和問題很多樣：新創的 CEO 希望瞭解元宇宙平台中的倫理問題、公司的管理階層希望瞭解元宇宙世界中的倫理性啓示。AI 教育老師們則希望瞭解第四產業和元宇宙的融合，及對於資訊弱勢族群的教育問題，家長們也不例外地想了解改變子女教育的元宇宙生態系統，雖然他們都是不熟悉數位和第四產業的世代，但是可以看到他們為了縮短距離而在繼續努力著。

適用於高齡世代的元宇宙內容產業也很活躍，不僅是前面提到的醫療領域中的數位療法，文化藝術體驗領域也相當值得一提。KT 為了預防老年癡呆症而推出的「real cube」計畫，即使沒有特別的設備也能體驗 5 種虛擬環境遊戲型內容，幫助老年人增強體力和認知力。另外，高麗大學九老醫院以入駐開放型實驗室的企業為中心，在 2020 年末成立韓國數位療法合作組織，目前正在帶頭開發肌肉骨骼系統疾病和認知障礙、慢性疾病相關的數位療法，為了今後的高齡世代準備專用的元宇宙內容。

METAVERSE

PART

Metaverse Of The Future

未來與元宇宙

價值 1.3 兆美元的市場即將成為現實

元宇宙裝置的歷史

數位資產和 NFT

邊玩遊戲邊賺錢的「GameFi」

元宇宙相關的熱門新職業

新領階級的誕生

新商業模式的誕生

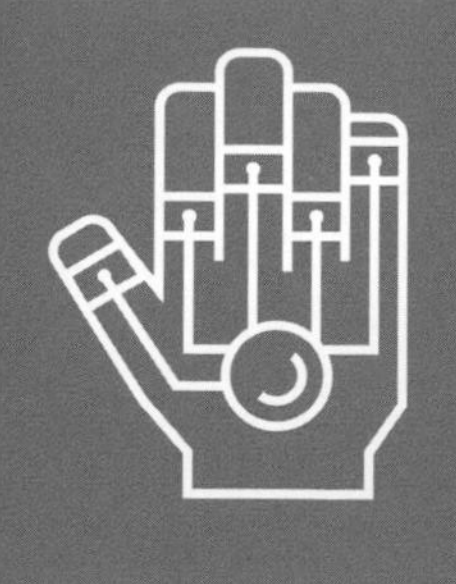

價值 1.3 兆美元的市場即將成為現實

元宇宙市場到 2030 年有望增長到 1.3 兆美元左右，是因為後疫情時代迅速發展的遠距文化，特別是 WEB 3.0 時代的到來，以及元宇宙市場擴大所帶來的收益模式進化。運用元宇宙創造電商收益的可能性、品牌與元宇宙合作等都展現了市場潛力，我們將其分為「元宇宙品牌的合作、元宇宙遊戲廣告、虛擬會議」等領域來進行說明。

▶ 元宇宙收益模式進化 ◀

連結現實世界
+ 廣告
+ 電子商務演唱會
提供行銷解決方案
+ 廣告
流量增加

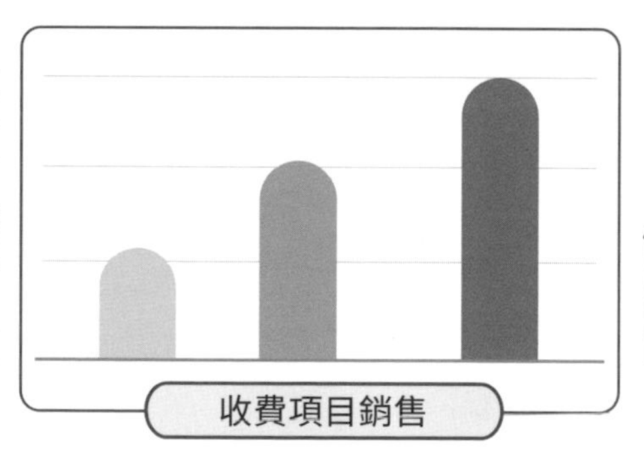

首先從元宇宙和品牌的合作例子來看，可以參考銳玩遊戲（Riot Games）的 LOL 和路易威登的「膠囊系列」、ZEPETO 和 Gucci 的「Gucci Garden」。LOL 和路易威登合作推出的產品上市 1 個小時後就銷售一空。Gucci 在 ZEPETO 上蓋好別墅後，10 天之內利用 Gucci IP 的二創內容就有 40 萬個以上，點擊率還超過了 300 萬。讓鯊魚寶寶（Baby Shark）大賣的全球娛樂公司「Smart Study」也計畫與 ZEPETO 合作，製作鯊魚寶寶商品。

第二，元宇宙遊戲廣告也是重要的收益模式。透過在電競遊戲中加入橫幅或戶外廣告等形式，遊戲廣告技術公司 BIDSTACK 僅在 2020 年就藉由 40 個以上的遊戲內廣告賺取了 240 萬美元，ANZU 預估 2021 年第二季度的銷售額將達到 640 萬美元，並預計會獲得 Sony 和 WPP 900 萬美元的投資。可以體驗高度個人化的廣告，具有重要的意義，

型態	廣告牌型	貼紙型
圖片		
說明	● 透過類似於現實世界戶外廣告的廣告 ● 像是賽車中的廣告牌	● 附著在汽車或頭盔等的廣告貼紙形式 ● 可以達到量身訂做的露出

想要準確又即時的將廣告投放給正確的族群，必須要能靈活運用在遊戲或主題中收集到的關注度、年齡、位置、性別等各種數據，進而確保造訪和購買等實際行為數據。

第三，虛擬會議領域是很多企業都已經在使用的市場行銷，像是在元宇宙平台上舉行虛擬會議、就業博覽會、活動等等，可以想成是「Virtual Meet Up」的形態。元宇宙遊戲平台，還可以成為粉絲和喜歡的明星見面並觀看演出的窗口，事實上很多娛樂企業也和元宇宙平台簽訂了契約。7-ELEVEN 在 2021 年下半年開始在 Gather Town 進行員工面試，還舉行了「7-ELEVEN 盃電子競技」等活動。

使用門檻相對較低的行動通訊產業，也開始進行虛擬會議的事業。還有一種是在相機應用程式上使用 AR 濾鏡的形式，BAN OLIM Pizza Shop 的「IU AR 照片卡」或 SKT 的「Jump AR」應用程式的 MV 製作服務就屬於這一範疇。

元宇宙揭開了今後 3D 原生廣告的開端，透過行動數據取得多種形態的事業成果，最終與現實世界進行強而有力的連結。元宇宙的世界和現實世界並不是分開的，而是彼此互相作用、融合所形成的環境。實際上韓國國內的流通企業「新世界」將元宇宙內的虛擬賣場和實物配送結合的服務，使線上銷售額也增加了 44%。

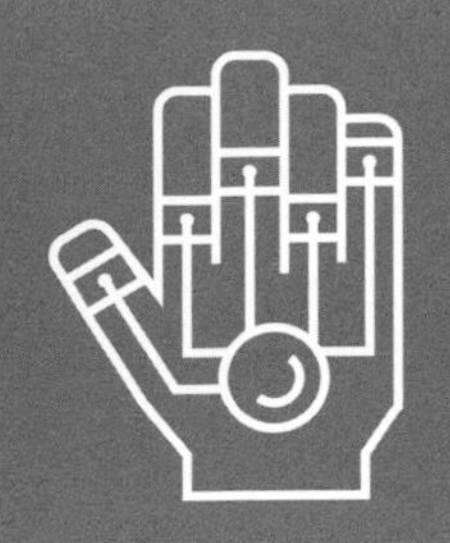

元宇宙裝置的歷史

在說明元宇宙的未來之前，先簡單分析一下要使用元宇宙不可或缺的 VR 裝置的歷史吧。最先引領市場的 VR 設備是 Google 的「Cardboard」，它是 2014 年在 Google I/O 會議上發表的 DIY 裝置，由瓦楞紙和特殊塑膠鏡片製作而成，可以讓使用者以相對低廉的價格來享受 VR 內容。

▶ Google 的 Cardboard ◀

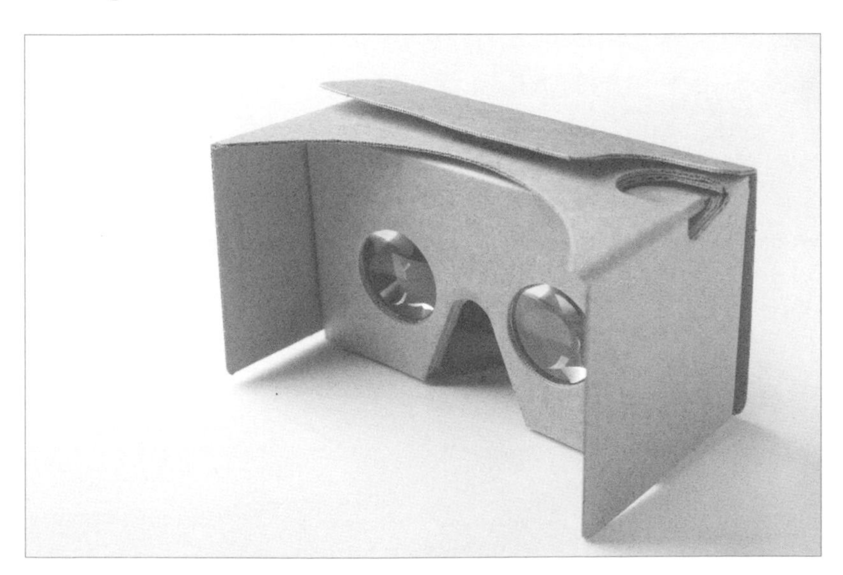

接著是 2016 年 SONY 推出的「PlayStation VR」，但是 PlayStation VR 是以遊戲主機為基礎的設備，因高端 VR 設備的出現而中止生產。目前最受歡迎的 VR 設備是 Meta（原 Facebook）收購 Oculus 後製作的「Oculus Quest 2」，於 2020 年 10 月上市。因為和其他 VR 裝置不同，無需連接電腦就能使用，且畫質出色、價格合理，所以備受歡迎，又剛好碰上新冠疫情大流行，消費者在現實世界中享受非接觸式的閒暇時間增加，所以銷售量也很高。VIVE 也升級了現有的「HTC VIVE Focus」推出「VIVE Pro 2」，搭載了 120 度寬視角和 5K 顯示器解析度的設備，無需連接電腦就能夠使用。

預計在 2025 年前，蘋果和三星將推出 XR 的新裝置。蘋果已經取得能用在 AR・VR 輸入裝置的智慧手套專利，並且推出了搭載 AR 功能的 ipod touch。三星則預計在 2025 年前推出眼鏡型的 AR 裝置，Meta 也即將發售眼鏡型的 AR 裝置，預計 AR 裝置市場即將展開激烈的角逐戰。

海外的 VR 裝置市場有由民間主導擴大的傾向，Meta 從在 2014 年收購了 Oculus 到現在投資了 4.8 億美元以上；HTC 則停止生產手機果斷地轉向 VR 產業。雖然中小型企業和新創公司因為和消費者需求上有落差以及缺乏內容，所以面臨了困難，但製造業和醫療領域正在努力開發可利用的 VR 設備。

▶ 蘋果眼鏡 ◀

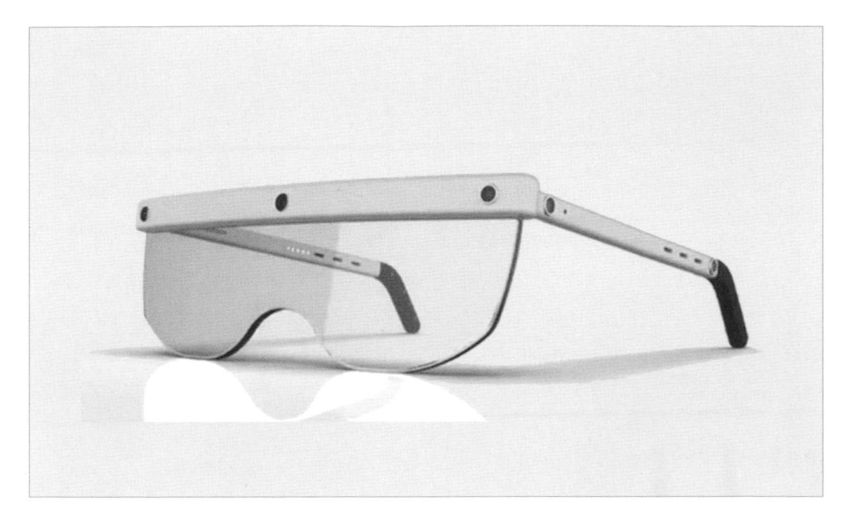

* 出處：DROPnews、韓國 sporbiz

▶ 三星眼鏡 ◀

* 出處：@ WalkingCat twitter

▶ 戴上 Facebook 眼鏡的馬克・祖克柏 ◀

* 出處：Meta、Ray-Ban youtube

目前 VR 裝置的市場因為新冠疫情而有爆發性的需求，對此美國 VR・AR 平台合作開發企業 Spatial 表示，由於新冠疫情使 AR 解決方案的使用量增加了 10 倍以上。另外隨著 5G 的出現，要製作高性能的超輕裝置和大量高品質內容得以實現，使得 VR 裝置市場繼續壯大，下圖是今後有望應用 VR・AR 的領域。

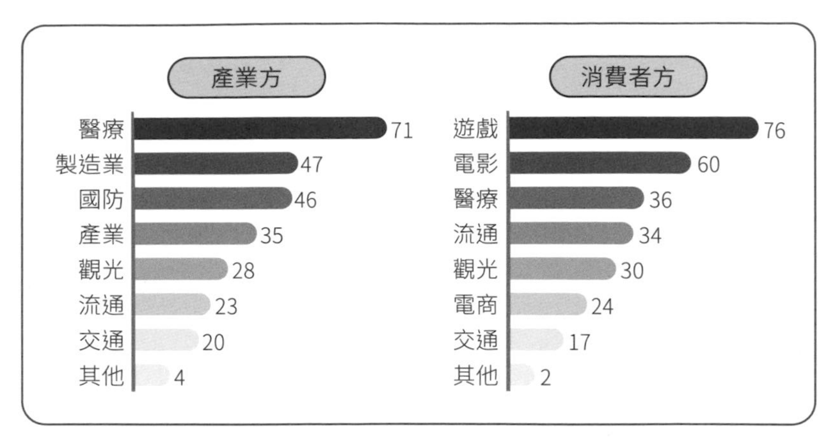

* 出處：元大證券研究中心

那麼今後的 VR 裝置會如何發展呢？馬克・祖克柏表示：「Meta 夢想著人類身體本身就是裝置的時代，很快就會實現感知到人的神經和肌肉等信號，按照使用者意願移動的界面。」具體來說，VR 裝置隨著顯示器技術的發展，像素和視角會變寬沒有死角，還搭載聽覺、觸覺、嗅覺功能等觸覺回饋技術，以行動為主的無線連接方式使用起來將更加方便；直接連接人腦的腦機介面技術（BCI，Brain-Computer Interface）也正在發展當中，如果進一步將空間資訊數位化，完全實現增強都市平台化，就可以提供多種方式的遠距服務。

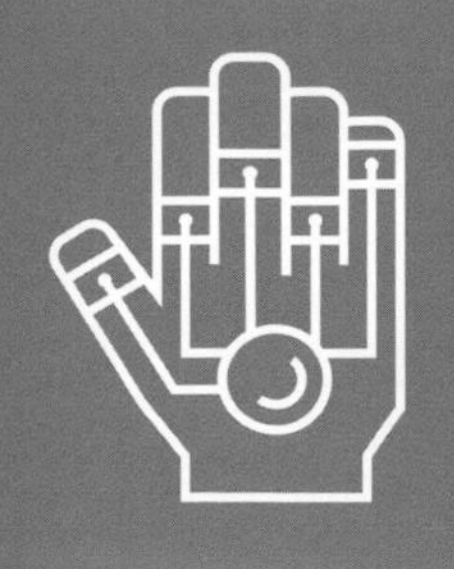

數位資產和 NFT

想要講述元宇宙的未來，就必須理解虛擬資產和數位資產，經濟數位化在藝術家或創作者身上有更顯著的表現。因為在元宇宙平台中，用戶親自創作的 NFT 概念正在擴散，並且有可以獲取經濟利益的系統，個人製作 NFT 產品透過交易來創造收益，元宇宙企業也藉此規劃多樣的內容努力吸引更多的用戶。用戶使用的貨幣是虛擬貨幣，投資 NFT 等數位資產，將用於擔保和投資藝術家作品。

數位資產可以簡單地分類為「虛擬貨幣、電子貨幣、加密貨幣、CBDC」。「虛擬貨幣」包括 Cyworld 的松果或網路的手機優惠券、遊戲幣。「電子貨幣」包括 Paypal、Samsung Pay、Naver Pay、Kakao Pay 等。「加密貨幣」是指比特幣、以太坊、瑞波幣等；「CBDC」是指各國中央銀行發行的數位貨幣。

那麼具體來說 NFT 是什麼呢？ NFT 被稱爲「非同質化代幣」，簡單地說是指在數位作品或資產上，以區塊鏈技術賦予其一串獨一無二的編號。以藝術作品為例，因為數位化的藝術作品是以檔案的方式保存，所以可以在網路空間無止盡的複製偽造。如此一來，創作者便無法獲得著作權和收益的保障，但是，如果將數位化的藝術作品做成 NFT，就能有保護原作的功用。最近網路上被無數次重新創造的網路迷因「災難少女」被製作成了 NFT，原照片的價值也受到了保護；即 NFT 具有允許數位作品被自由複製和流通，但同時也能保護原作的價值和所有權的功能。

但是，毫無異議的，數位資產想要獲得大眾信賴感，還需要一些過程，特別是加密貨幣還有很長的路要走，數位貨幣專家芬・布倫頓（Finn Brunton）教授在其著作《**數位貨幣**》中表示虛擬貨幣本身沒有價值，想讓貨幣產生價值，彼此之間就必須要有信任，實際使用後就應該被視為支付方式，也就是說開採和儲存虛擬貨幣，都應該透過法定貨幣來購買，建立「信賴的系統」並達成協議。另外，預測未來會出現多種數位貨幣，不同目的會使用不同的貨幣，只有「記錄了虛擬貨幣代碼和發展過程、開採和交易方式、發行和交易內容的數位賬簿和虛擬貨幣的保存方式」等獲得高水平價值認可的貨幣，才能生存下來。

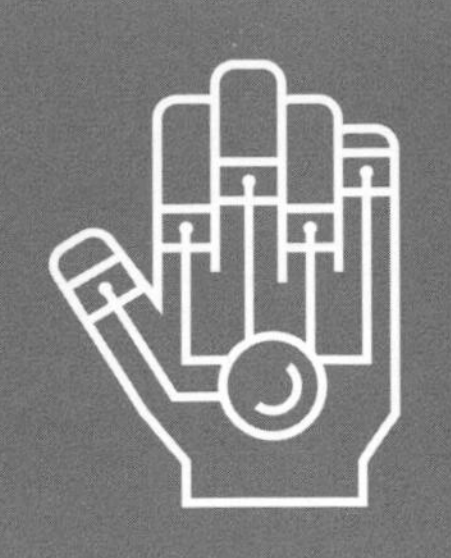

邊玩遊戲邊賺錢的「GameFi」

GameFi 是 Game 和 Finance 合成的新造詞，是指「遊戲和金融」、「遊戲化金融」，這種以區塊鏈技術為基礎的遊戲，是透過分散金融、整合數位資產及 NFT 為遊戲領域提供的新體驗。在現有的遊戲中，用戶為了玩遊戲或購買道具得向遊戲開發公司支付費用。而在 GameFi 也就是 P2E（Play to Earn）中，用戶可以在玩遊戲時把角色或武器作為資產，收集 NFT 遊戲道具兌換成現金並從中獲得收益，而且該 NFT 遊戲道具，在遊戲內被當成流動性開採的道具。

代表性的遊戲有《Axie Infinity》，由越南遊戲新創公司 Sky Mavis 所製作，使用以太坊的區塊鏈遊戲，總交易額達 27 億美元，最貴的 NFT 為 150 萬美元，2021 年第三季的銷售額約達 7 億 8,200 萬美元，擁有 Axies 角色的帳號達 400 萬個。要開始玩《Axie Infinity》需要先購買至少 3 隻名為「Axies」的怪獸，透過和其他玩家戰鬥及完成任務來獲取遊戲獎勵代幣 SLP，該代幣可以在交易所兌換成現金。因新冠疫情而失去工作的菲律賓和越南等東南亞人中，也有因為該遊戲獲得每月 800 美元（月平均 240 美元左右的收益）的人，對於一開始就要先支付約 800 ～ 1200 美元左右費用而感到負擔的人，也可以用向他人借帳戶並分享獲益的「獎學金」制度來參與遊戲。

▶ Axie Infinity ◀

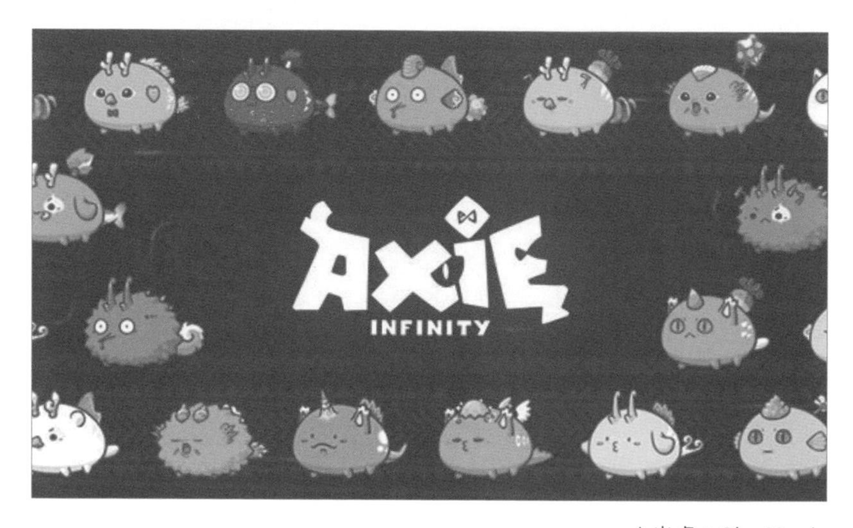

* 出處：Sky Mavis

Wemade 也在區塊鏈平台「WEMIX」上推出能應用區塊鏈技術和加密貨幣的遊戲《MIR 4》而受到了整個產業的關注。《MIR 4》是以東方武俠世界觀為基礎的 MMORPG 遊戲，是過去在中國擁有 6 億多名用戶的《MIR 2》的續作，上市僅 4 天伺服器就擴大了 3 倍以上，目前運營著 150 多個伺服器，同時在線人數突破了 80 萬人。不僅是在 MIR IP 知名度較高的中國，由於它是引進了區塊鏈技術的 P2E

MMORPG 遊戲，所以在用戶較少的北美和歐洲地區也獲得了意想不到的人氣。具體來說《MIR 4》是引進區塊鏈技術加密貨幣「DRACO」和 NFT 的遊戲，DRACO 是將遊戲內的主要財物「黑鐵」代幣化，如果收集 10 萬個黑鐵就可以換成 DRACO，還可以用 WEMIX 購買 Wemade 發行的虛擬資產。另外，用戶也能把角色 NFT 化用 WEMIX 錢包在 NFT 市場進行交易，建構出在遊戲內開採虛擬貨幣、將角色 NFT 化作為商品交易的「代幣經濟」生態系統。總結說明，遊戲內積攢的財物可以換成 DRACO，DRACO 則能用 WEMIX 進行代幣轉移（Swap），轉移後就可以在貨幣交易所兌換成現金來獲取收益。

▶ MIR 4 ◀

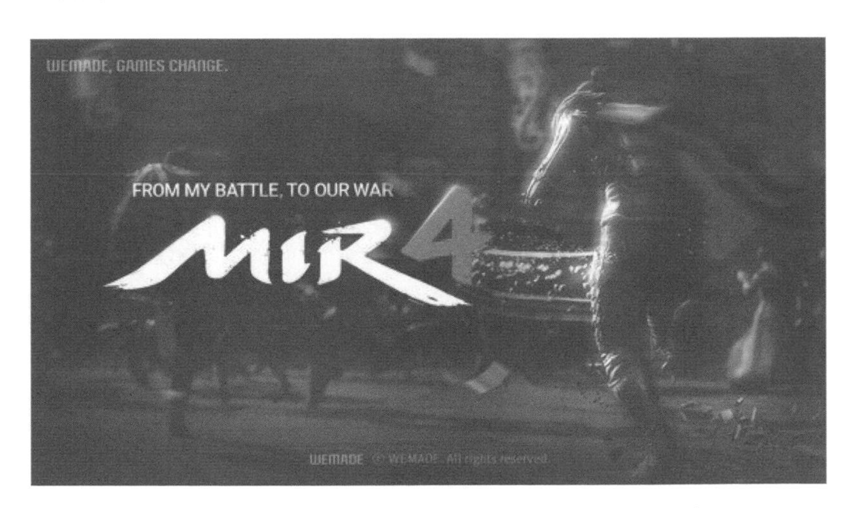

* 出處：Wemade

被稱為「賺錢的遊戲」、應用了區塊鏈技術的 P2E 遊戲，之所以活躍起來是因為他們和現有的遊戲不同，遊戲內的道具和角色等的所有權被明確記錄在區塊鏈上，玩家可以將自己的道具以虛擬資產和現金來進行交易，從而創造出收益。以發展中國家為例，隨著區塊鏈遊戲的大眾化的同時也創造出許多新的工作職缺；加密貨幣則因為玩家在遊戲中和其他玩家之間形成的市場，而成為重要的收入來源，與現實連結的虛擬經濟正在逐步建構中。

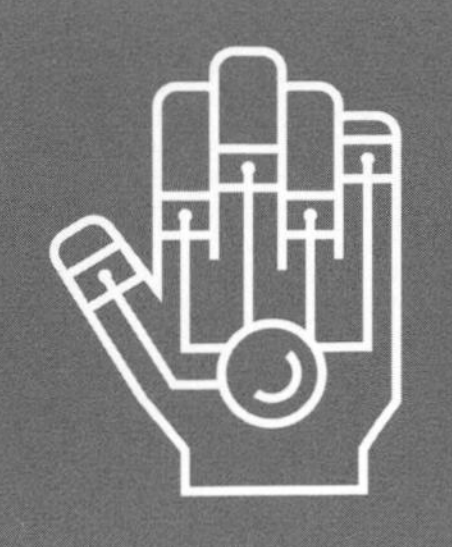

元宇宙相關的熱門新職業

首爾市教育廳將「大數據、AI、物聯網、VR」選為第4次產業革命的核心技術，新設立了人工智慧工程系、人工智慧電機系、人工智慧電子工程系、元宇宙遊戲系、雲端資安及智能建設資訊系、數位建築系、智能融合機械系、3D模型系、3D印刷模型系等39個未來型學科，專科高中也隨著時代潮流改編了教育課程。舉例來說，順天第一大學新設了「網路漫畫動畫系」，致力於培養網路漫畫、動畫專家，及製作以動畫為基礎的遊戲內容之專業技術人員、AR和VR內容製作者等。首爾教育廳為了培育元宇宙時代的專業人才和現有的IT學校合作，擁有VR和AR教育課程，與3D建模、3D印刷相關教學課程的湖西大學，新設立了「遊戲軟體學系」目標是開發與元宇宙相關的VR・AR教育內容，及培養軟體領域人才。

我推薦的學習領域，是以5G為基礎的VR、AR體驗型內容開發的相關技術，同時還有元宇宙業界使用的製作技術及開發體驗型內容。如果學習在Unity環境用C#開發遊戲、體驗型內容的UI/UX設計、Unity 3D介面的呈現及支援所有裝置、開發在5G環境中的VR・AR手機應用程式等，這些領域都是不錯的選擇，可以延伸到遊戲工程師和軟體開發、Unity 開發、VR・AR 內容開發的領域。

接著，我們就來介紹與元宇宙有關的新職業。

角色設計師

這裡指的是動畫片、虛擬化身和商品的角色形象設計師，從事將現實中的人物或物品誕生在元宇宙世界裡的工作，可以根據角色進行故事內容二創和開發周邊產品。從 ZEPETO 大部分的銷售項目都是由個人創作者製作的這點可以證明，在元宇宙內的虛擬化身設計，已經讓很多人獲得了收益。當然想要成為專業的虛擬化身設計師，必須要會開發能夠應對顧客的程式，現在業界也正不斷地尋找與此相關的人才，相當值得挑戰看看。

虛擬實境專家

結合 IT 技術和設計的領域，透過電腦圖像創造虛擬空間，並加入聲音和動作效果來製作出內容。雖然目前是以遊戲等文化內容產業為大宗，但預計未來在軍事、教育、醫療等領域都能應用到該技術。如果是就讀電腦設計、電腦工程、遊戲圖像設計類的科系會有幫助，只要考取圖像處理工程師、視覺設計產業技師、視覺設計師等證照就可以了。

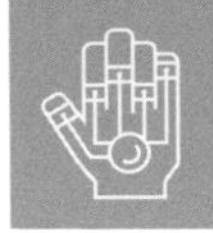

區塊鏈專家

開發無法偽造資訊的區塊鏈技術的專家，可以視為是開發加密貨幣的人才，為了使「區塊鏈技術和加密貨幣」能應用於真實生活中而進行改善軟體的工作。雖然目前使用在金融交易服務領域較多，但未來也有望活躍在資訊產業、製造、流通等多個領域，政府也將追加預算於其中，雖然就讀電腦工程、軟體工程、資訊安全工程、密碼學等專業比較有利，但也推薦大家累積有關經營和經濟、產業工學等方面的知識。

元宇宙建築師

指在虛擬空間內建造學校、公共設施、辦公大樓、服務設施等建築物的職業，創造虛擬化身活動的空間，必須要設計出能體驗到超越現實的時空，需要將企業或公共機關等委託的空間設計成數位的感覺，必須懂得如何用電腦設計圖形。

元宇宙創作者

雖然現在在 YouTube 上的創作者備受矚目，但其轉換到元宇宙平台的可能性更大。作為偶像或 KOL，在元宇宙的世界裡進行活動；第一代創作者 Lenged 目前粉絲就已經達 31 萬人，還舉辦了元宇宙創作者競賽和教學。

元宇宙員工

企業也會招募在元宇宙內工作的員工，他們做的事跟在現實世界裡一樣，元宇宙平台「Decentraland」最近就招募了在元宇宙工作的賭場經理。今後會有跟現實世界一樣多種職業的人們在元宇宙中工作，現有的員工也可以在學習元宇宙相關知識後，於虛擬世界中工作。

除此之外，元宇宙時代的到來，可以期待會創造出更多我們無法預測的工作機會；在沒有辦公室的情況下，連結到元宇宙的世界裡，還能創造出什麼樣的工作機會呢？重要的是，應該要找出這種技術和人類共存的方法，我認為人類可以利用元宇宙來享受創作，這樣才能真正走上共存的道路。

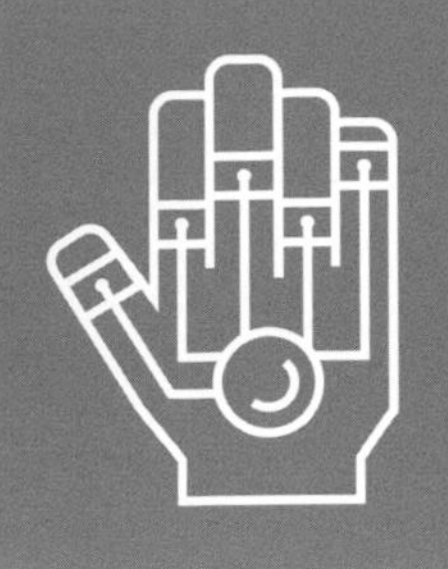

新領階級的誕生

在元宇宙中即將誕生新的職業群，並創造出「設計和販售平台內可消費的各種財物和道具等」多種收益模式。另外，元宇宙平台企業為了讓使用者能夠無限擴展和設計虛擬世界，即將進化成開放世界的良性循環結構。如果說以前的遊戲是以第一人稱為主，那麼熟悉行動設備的 MZ 世代和 Alpha 世代將成為主力，享受強化社交功能的遊戲。這兩代人處於任何人都能成為創作者的 C 世代（Contents Generation），甚至模擬解決了在元宇宙環境下現存的問題。無倫如何，元宇宙將會在各種方面改變未來的生活。

數位經濟也是不可抗拒的變化，隨著元宇宙和區塊鏈技術的結合，在 The Sandbox、Decentraland、Axie Infinity 等以區塊鏈為基礎的遊戲中，用戶已經藉由製作 NFT 品項來進行交易並創造了高收益，他們將以數位資產獲得貸款，靈活運用在投資藝術家的 NFT。

用於製造元宇宙的 Unity 和虛擬引擎開發平台，也適用於擴充建設和工程、汽車設計、自動駕駛等多種產業。大約有一半的智慧型手機遊戲都是用 Unity 引擎製作的，NEXON 的 V4、跑跑卡丁車：飄移、NCsoft 的天堂 2M 等都在使用虛幻引擎。虛幻引擎與 BMW 合作，利用渲染功能生成虛擬表面，即時監控用 3D 印刷機制成的試製品，減少開發所需的時間和費用。因此 Unity CEO 約翰．瑞奇提歐表示：「目前有 50 萬名以上的學生在 Unity 學習 3D 製作，在幾年內將會突破 100 萬人，形成衆多開發者的生態系統。」

另外，也將誕生非藍領及白領的「新領階級」，新領階級是 IBM 的 CEO 吉妮．羅密蒂，在 2017 年世界經濟論壇上所提出的用語，是指在第 4 次產業革命中，創造和研究新事物能力突出的階級。

資訊安全、大數據、AI、雲端、程式開發相關技術者就屬於此範疇。他們生活在元宇宙日常化的世界中，比起個人的教育水平更重視實務能力；他們也擅長製作產品和銷售，以及自由地運用虛擬房地產交易等類型的經濟活動。他們所生產的產品和內容，將在網路平台上創造出巨大的附加價值。

2017 年世界經濟論壇上表示：「全世界 7 歲的孩子中，將會有 65% 從事現在還未出現的職業」，並預測今後 5 年內將會減少 710 萬個白領工作機會，不過同時也預測將新增 210 萬個數據分析等電腦相關的職業，在過了 5 年的現在，這項預測幾乎完全吻合。因此 IBM 為了培養新領階級人才，正在韓國、美國、澳洲、摩洛哥、新加坡等 28 個國家舉辦 241 所 P-TECH 學校來尋找人才。教元集團、未來產業科學高中和明知專科大學一起合作，舉辦 5 年制的綜合教育課程，致力於培養教育科技人才。事實上，韓國政府和地方自治團體也在積極投資培養新領人才，近期大邱市爲了培養新領人才，透過「創新人才計畫」成功使 79% 的結業生順利就業。

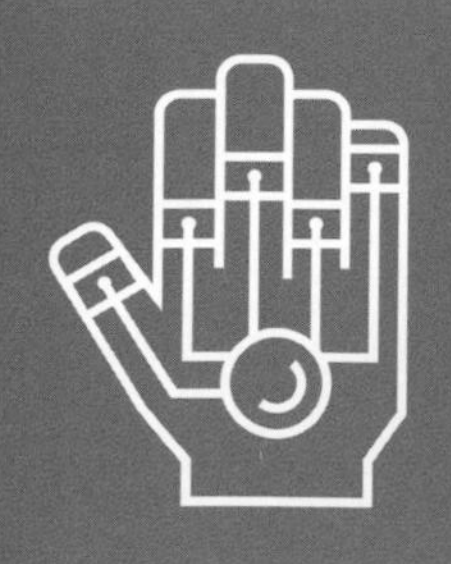

新商業模式的誕生

我創建虛擬旅遊平台的契機，是因為在新冠疫情後，旅遊變成不可能的一件事。這個平台是以即時數據為基礎製作的虛擬空間，可以利用網路化身進行社交活動和生產個人內容及交易、空間租賃。但是，在虛擬空間裡，也要能夠體驗到現實中無法體驗的東西，所以想要製作的就是去宇宙和回到過去旅行的內容，除此之外，也仍在構思各種類型的巡演。

虛擬觀光 ZONE

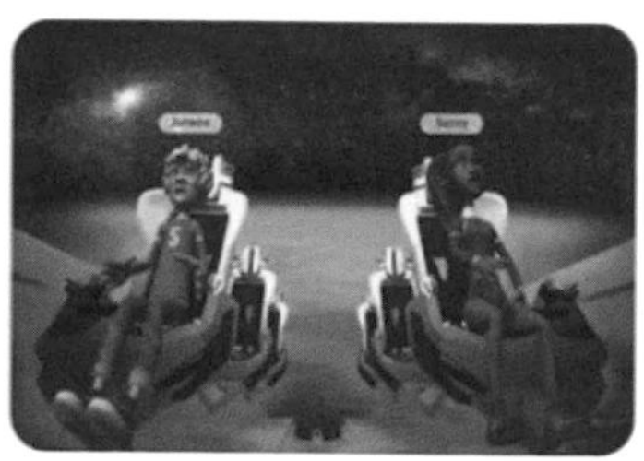

以即時數據為基礎的虛擬觀光服務：

- 使用 XR 收集的即時數據為基礎
- 利用現有導遊及用戶內容做社群運營
- 預計有遺址和宇宙等會大受歡迎的內容

冥想 ZONE

以用戶數據為基礎的心靈健康服務：

- 使用 XR 收集的數據進行治癒冥想
- 由精神科教授、心理治療師指導製作
- AI 醫生健康護理服務

這些新的商業模式都將出現在各種產業中，以下為教育娛樂類型的虛擬內容。

地區博物館旅遊　　地區文物旅遊

- 當地導遊介紹濟州島遺址，創造教育功能和導遊工作崗位
- 使用 XR 視聽媒體，會比線下導覽更有效地傳達內容

探訪數位修復文物

- 探訪與了解過去存在但現已消失的遺址

作為地區文化遺產或由歷史故事所編寫的探險內容，它將絲路貿易的內容稍做遊戲化，並結合數位復原技術，讓數位人類展開活動。

在教育領域利用虛擬空間進行非接觸式的遠距教學，有望提高真實感，如果用網路化身上課，比起面對面上課或雙向遠距上課更能減輕心理負擔，而且對於失誤比較不敏感，課程出席率也會提高。

現在利用 Zoom 進行授課或 YouTube 影片內容授課的情況變多，可是存在疲勞感增加、很難長時間集中注意力的問題。但是，如果利用元宇宙平台，就可以直接參與和溝通，可以毫無負擔地分享各種意見和資訊，再加上 AI 和區塊鏈、大數據、VR 和 AR 技術的結合，提供最優化的視覺體驗，預計將能激發出更多的創意。試著想像一下不是單純解答數學公式，而是在 3D 視覺化之後來解題，就能夠立體地思考並理解概念。

METAVERSE

Everything About Metaverse Business

關於元宇宙商務

元宇宙和醫療健康商務

元宇宙和教育科技商務

元宇宙和虛擬資產商務

元宇宙和行動通訊公司商務

元宇宙和行銷商務

元宇宙和旅遊商務

元宇宙和製造業商務

可持續的元宇宙商機

元宇宙平台的動向和展望

元宇宙和醫療健康商務

元宇宙技術在醫療領域也逐漸嶄露頭角，具體來說將分為以下四種狀況來說明 —— 元宇宙平台和技術如何用於醫療現場。

第一是以教育為目的參觀手術室，原本因為擔心感染等問題，所以只有少數人員可以參觀，但由於新冠疫情這也變得更加困難。因此，值得一提的是，在 2020 年 5 月盆唐首爾大學醫院的「Live Surgery」，這是世界上第一個利用元宇宙和 XR 技術進行的手術參觀計畫。

「Live Surgery」是在元宇宙構成的智慧手術室中，實際展示替肺癌患者進行手術的過程。有來自多個國家約 200 多名講師和學生透過網路化身進行觀摩，使用了 360 度 8K VR 相機，透過 3 臺顯示器可以看到執刀者視角的手術過程（由三維影像組成）和手術人員細緻的器具操作。對此，參觀者表示 360 度的 8K VR 相機，用多個視角展示了自己想看的手術部位和過程，有助於提高投入度。透過 3D XR 沈浸技術還可以進行高品質的語音對話，也提高了滿意度，讓不能到現場的他們聚在一起，能夠仔細觀摩並感受到現實感，這具有相當重要的意義。

▶ GMP VR 模擬教學 ◀

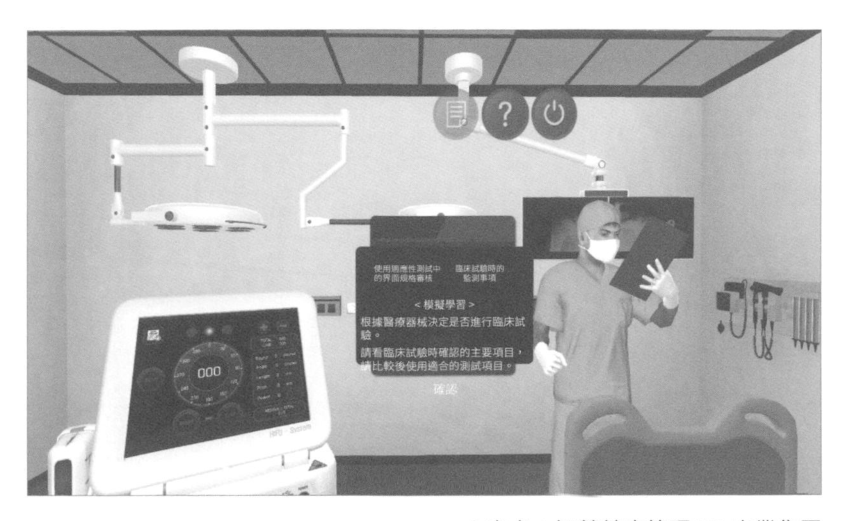

* 出處：智慧健康管理 VR 事業集團

第二是模擬教育，可以反覆對虛擬患者進行治療練習，在韓國首爾大學醫學科，首次進行了「解剖身體構造的 3D 影像軟體・3D 列印技術應用研究與實習」，能以需要動手術或二次手術患者的實際數據為基礎，製作成解剖的構造物，增加了醫科大學學生不足的手術訓練時間、藉此提高熟練度。

元宇宙診療室也屬於模擬教育領域，因為它能重現數位患者的觸感，所以可以練習靜脈注射和抽血等技術，還可以進行溝通，對於練習是非常有效率的，防止實習引起的感染和醫療事故也是優點之一。

第三是數位療法，應用於前面所說的減少孕婦疼痛、腦疾病患者和癡呆症患者的治療項目、憂鬱症和失眠症、藥物中毒者的治療和哮喘、糖尿病的治療。

第四是提供虛擬環境，讓患者和監護人、醫院員工的家屬隨時可以體驗在元宇宙內構成的醫院虛擬空間，一山車醫院(CHA Ilsan Women's & Children's General Hospital)在 ZEPETO 上建構了活動大廳、婦產科、超音波室、分娩室、行政辦公室，讓大家可以隨時探訪，也讓即將接受手術的患者可以提前體驗在手術室的感覺，減少不安的情緒。一般患者也可以在更舒適的環境中享受醫療服務，預計兒童、孕婦和老年人的診療將會變得更容易。

▶ 在 ZEPETO 中建構成的一山車醫院 ◀

* 出處：Naver Jet、一山車醫院

未來醫療界將在治療疾病和提高健康上積極運用元宇宙，此外 3D 建模技術和 VR 連結數位化身技術，用於對醫學院學生的教育、醫療團隊規劃手術計畫；根據所有個別患者的醫療數據，進行量身定做的健康管理、模擬手術、針對性治療等，今後將有望能高度提升技術。

但是為了使元宇宙醫療產業穩定發展，必須進行技術研發和投資，對於非接觸式診療和提供超越空間的醫療服務，還需要擬定更完善的相關法律。

必須開發能夠精確追蹤手術技術的硬體，使其能不受限地應用在讓患者滿意的新技術上。另外，隨著教育內容的累積，相關準則必須要明確，在元宇宙內的醫療過程，必須按照實際臨床執行的護理技術標準來進行，需要開發出沒有任何違和感、符合實際臨床經驗的程式。

如果要試著描繪出應用元宇宙的醫療領域藍圖的話，「虛擬綜合醫院」把治療和健康管理、數位療法、醫療技術教學等綜合起來，將成為超越國界的醫院。雖然進入醫療領域的門檻比較高，但如果將大數據、AI、5G 等尖端技術與 XR 技術融合在一起，我認為可以開啟新的醫療健康市場。

目前「虛擬醫療校園」透過災難、應急模擬訓練，可以實習到在發生災難事故時，從現場的應急措施到送往醫院的流程，期待能夠強化醫療基礎設施不足的地區、災難脆弱地區的醫療服務，並達到解決醫療問題的作用。此外，今後還將在元宇宙中進行臨床病理、護理教育、兒童醫療教育等。

元宇宙和教育科技商務

利用虛擬空間進行的非接觸式遠距教學，將透過 VR 等實感技術來提高投入度，最大限度地提升學習效果。對此史丹佛大學和丹麥技術大學表示：「VR 教學將比現有的非接觸型態教學增加 76% 的學習效果。」如果說現有的教育是聽教師講解並提問的「傾聽」形態，那麼運用元宇宙平台的教育，則可以在各種內容中進行互動，得到沈浸式的體驗。以下是在韓國運用元宇宙平台的教育科技商務動向。

Galaxity School

這是韓國 VR 軟體開發公司「MAMMOSSIX」的非接觸式教育解決方案，可以共享影像和文件等多種教學資料，也可以進行語音對話聊天，就像在實際的教室上課一樣。其特點是將 3D 製作的模型放在虛擬空間中，可以 360 度或放大縮小來觀看，進行實感型教學。

ClassV

是 VR 網路漫畫公司「ComixV」和 VR 遊戲公司「Fake Eyes」攜手共同打造的元宇宙教育平台，一間教室最多可容納 40 人，由老師建立教室邀請學生加入的簡單形式進行，優點是無需另外購買專用的電腦就可以使用。

i-Scream XR

「i-Scream Homelearn」是由已經有許多使用者認證的「i-Scream media」所製作的 XR 教育平台，是在現有設備上插入 XR 內容的形式，評價認為內容符合初階使用者的程度、能提高學習的投入度，並計畫推出線上體驗型內容和體驗組合。

XR PANDORA

這是由「Hancom Group」旗下的元宇宙平台企業「Hancom Frontis」所開發的虛擬教育和虛擬會議平台，能夠將使用者的動作如實地反映在虛擬化身上，也可以共享文件和聲音。

Code Alive

由教育企業「CMS education」與「Unity」合作的元宇宙編碼教育企劃，學習者在虛擬世界中以虛擬化身活動，可以輕鬆學習 Python 程序設計，還可以親自製作遊戲和軟體。

Hodoo english

這是由教育科技公司「Hodoo Labs」推出的以 MMORPG 方式學習英語的企劃，其優點是讓學習者在虛擬世界中成為主角，探索未知的大陸，可以和其他角色對話，還可以裝飾虛擬化身和自己的房間。

▶ 在元宇宙中建構的教室 ◀

像這樣的元宇宙教育模式不僅用於公共教育，也用於多種課外教學，還開發了針對自閉症兒童和家人的平台。但是，因為是體驗型的內容，所以缺點是：可能會感覺像是在玩遊戲而偏離了學習的本質，或只感到好玩因此變得散漫，這是需要多加注意的部分。既然已經擴展到嬰幼兒市場，在現實生活中也要進行教育，使人際關係得以延續。

另外，在經營上並不只是提供一次性內容就結束，而是要能在多種平台上使用，在短時間內能以較少的費用進行業務；要打造出不單是能傳達語言，還能透過感覺學習累積經驗，使教師和學習者都能滿意的平台。

元宇宙和虛擬資產商務

想要透過元宇宙平台完成實體經濟體系就必須有「虛擬資產」，特別是在多種虛擬資產中，如果加密貨幣在貨幣交易所上市，那麼在現實世界中其價值也會得到認可。我認為隨著元宇宙經濟的擴大，銀行及證券公司等傳統金融交易所也跟進兌換虛擬資產的日子，將會提早到來。

在 MMORPG 等現有的遊戲中，遊戲內容仍停留在虛擬世界，道具也歸其公司所有，玩家只是單純的消費者，連可以完整擁有遊戲角色的裝置都沒有，在防止僞造方面也很不足。但是，目前在應用區塊鏈技術的元宇宙遊戲中，道具被代幣化製作成 NFT，因此很難僞造或變造，而且區塊鏈的數據是透明公開的，易於追蹤，承認部分所有權，可以將代幣分為 1/n 的形式進行交易。遊戲道具和實體資產、藝術品、奢侈品、收藏品等都可以代幣化後進行交易；像這樣代幣化的商品，可以在元宇宙中自由地交易，從而獲取實際的收益。事實上，虛擬資產才是元宇宙商務裡，在最短時間內成長的領域。

正如前面所說，在元宇宙中，任何人都可以製作內容並獲得實質的經濟利益。Roblox 培養出了年僅 10 幾歲的百萬富翁、ZEPETO 有多個名牌企業入駐販售產品、MZ 世代自然而然地接受在虛擬空間購買數位商品，使消費本身就像玩遊戲一樣享受。

下圖是虛擬房地產遊戲《earth2》，它將地球上所有土地都分成 10×10 的區塊，用戶可以使用加密貨幣進行交易，利用衛星圖像將地球設定為虛擬行星後進行土地買賣，用戶們彼此競相購買房地產，就像現實中的房地產價格，會根據需求和供給而產生變動，在遊戲中也是如此，因為人們認為這是替代投資的一種方式。

▶ 虛擬房地產平台「earth2」◀

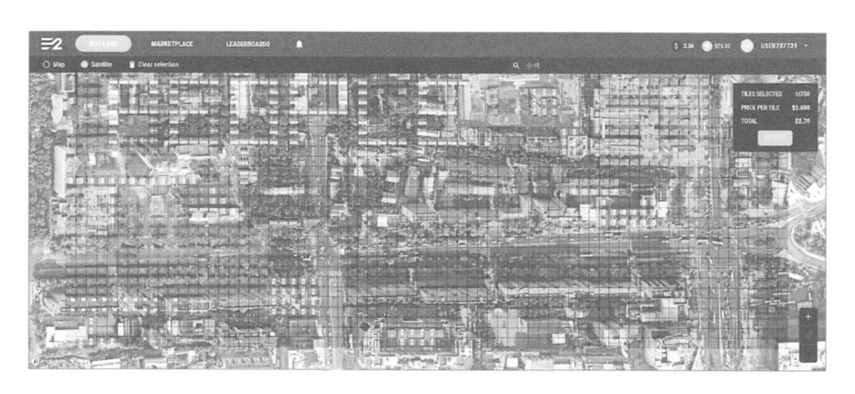

* 出處：earth2

此外 Kakao Games 還計畫合併核心子公司「Friends Games」和「Way 2 Bit」打造出運用 NFT 販售遊戲和音源、影像、藝術品等數位資產的平台，Nexon 直接投資虛擬交易所，WeMade 則是推出了結合區塊鏈技術的遊戲《**傳說 4**》。

元宇宙和行動通訊公司商務

行動通訊公司領域也正在進化為元宇宙商務平台，SKT和 KT、LG U+ 推出了利用 AR 和 VR 製作的多種內容和服務，為了搶佔市場而全面開發中。由於該服務需要大量數據往來，因此都正在努力擴展公司的 5G 網路基礎設施。接下來，讓我們來了解一下這三家通訊公司的元宇宙事業。

SKT

SKT 現有的元宇宙平台「Jump Virtual Meetup」在三維度虛擬空間裡最多可聚集 120 人，並且可以展現出大螢幕、舞臺、觀眾席等，由於適合舉辦會議、講課和聚會，順天鄉大學在這裡舉行了入學儀式，約有 57 個學科的 2,500 名新生用穿著各科系衣服的網路化身入場。現在推出了升級版的「ifland」，讓第一次登陸元宇宙世界的人能夠輕鬆、簡單地享受在其中，提供性別、身高、髮型等共 800 多種服裝裝飾自己的網路化身，還可以透過其他人的網路化身和社群社交功能進行交流。最近他們直播了世界號的發射過程，也試驗了元宇宙的應用能力，並表示今後將引

進「市場系統」和「空間製作平台」，將會有能裝飾網路化身、販售道具的功能以及創造自己的空間的技術。SKT 與 VIVE STUDIOS（於 2020 年 2 月 MBC 播映的 VR 人類紀錄片《遇見你》的製作公司）攜手，致力於製作以 3D 為基礎的 CGI 及實感型內容，並結合即時 3D 製作技術及 VFX（Visual Effects）特殊影像技術，預計會和元宇宙帶來加乘效果的服務。

KT

KT 組建了「Metaverse One Team」，和包括其公司在內和 VR、AR、MR 相關的 Dilussion、Virnect、Coar Soft、WYSIWYG Studios、Smilegate Stove 等 9 家企業、和「韓國虛擬擴增實境產業協會」一起組成元宇宙生態系統，共享市場經驗和技術資訊，夢想擴大元宇宙醫療保健、教育及體育市場。

KT 的元宇宙平台「KT Real Cube」不需要額外的 VR・AR 設備就可以體驗虛擬世界。龍山區廳和龍山區內的 4 個政府機關，也開始支援兒童和老年人的非接觸式體育和預防癡呆活動，並將其設施擴大到江南區和東大門地區，還表示今後將致力於 LF 全像攝影技術的研究和商業化。透過 2014 年提供的 VR 服務、市中心 VR 主題公園等實感型媒體服務的經驗展示了其可能性。

LG U+

LG U+ 是全球 5G 通訊內容聯盟「XR Alliance」的主席，要製作高品質的 XR 內容需要相當龐大的費用，因此這些公司將 XR 內容連結起來，共同合作以達到節約費用、提高技術完成度的效果。在加拿大的「貝爾公司」、美國的「高通公司」、日本的「KDDI」、中國的「中國電信」、加拿大、法國的「Felix & Paul Studios」、「AtlasV」等公司的參與下成立，近期 Verizon、Orange、清華電信、Trigger 共 7 個地區的 10 個企業也共同參與，可以將此視為世界上最早的 5G 內容同盟會。

他們的第一個內容「Space Explorers：The ISS Experience」是透過 VR 體驗 3D 拍攝的 360 度宇宙空間。目前正在籌備世界著名演出和童話、動畫、體育明星紀錄片等企劃，並計畫擴大實感型內容領域。

LG U+ 近期結合 VR 舉辦了線上偶像展示館，將 SM 娛樂「EXO」的照片、已影像、未公開影像、聲音、手寫信等分為 6 個主題館進行展示，在這裡可以感受到空間移動的新體驗。此外，還與多家娛樂公司合作擁有 2,100 篇 VR 內容，並計畫持續開發元宇宙平台「U+VR」的體驗型內容。

LG Technology Ventures 目前也投資了美國虛擬內容領域的新創公司 Wave，2020 年 12 月與 AR 解決方案公司

Spatial，一起開發了以 5G 通訊環境為基礎所設計的 AR 眼鏡「U+ Real Glass」，並推出可以在虛擬世界中用網路化身開會的服務，這個虛擬空間最多可容納 10 名用戶，還能透過對話和簡單的手勢動作進行說明。LG U+ 相關人士表示：「目前虛擬會議系統開發還處於起步階段，預計於一年內解決用戶使用上的不便，以實現商用化。」

元宇宙和行銷商務

元宇宙行銷，是因為新冠疫情大流行導致非接觸文化擴散、實施社交距離而擴大的領域，特別是在文化、藝術等娛樂領域尤為明顯。在要塞英雄舉行的崔維斯・史考特演唱會點擊率高達 1,200 萬次。

▶ 元宇宙中演唱會・投資現狀 ◀

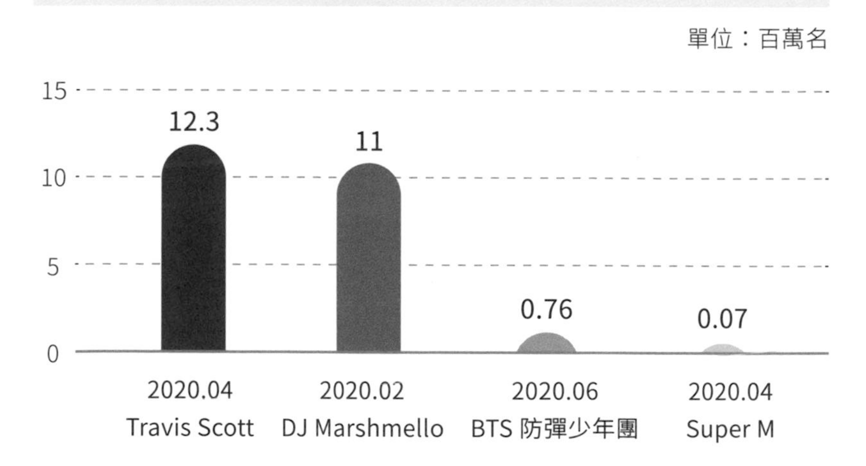

YG 娛樂公司在 ZEPETO 舉行的 BLACKPINK 粉絲簽名會，也有 4,600 萬人參加。在元宇宙中販售的數位商品有超級英雄服裝、Gucci、LV 服飾、偶像周邊等各種類型的商品，自然而然地成為了宣傳的場所。因此，國內對元宇宙平台的投資也正在積極進行中，以下是參加要塞英雄舉行的演唱會人數，和投資於 NaverZ 的韓國娛樂產業現狀。

韓國觀光公社在 ZEPETO 上，製作了益善洞和漢江市民公園等旅遊景點，來進行韓國旅遊宣傳；芝加哥歷史博物館利用 AR・VR 技術重現了博物館展品。此外，虛擬人類的活動也屬於元宇宙行銷，「Sidus Studio X」的虛擬人類 Rozy 是用 3D 建模後，在上面植入皮膚、骨骼、神經元等細膩的皮膚表現所完成的虛擬人類。她擁有 10 萬名以上的 Instagram 粉絲，目前為新韓生活電視廣告模特，廣告的點擊數達到了 974 萬次。

那麼，元宇宙行銷商業領域今後會以怎麼樣的形態展開呢？已經有很多企業將元宇宙視為新的機會，NVIDIA 推出了將現實世界物品簡單快速體現的 —— 即時 3D 設計合作平台「Omniverse」。它是為了讓創作者從最初的建模到最終的渲染，都可以方便地在雲端中即時作業的平台，可以在虛擬世界中與多名開發者合作，也可以透過數位分身進行多種產業領域的模擬實驗。

微軟的遠距共同作業式平台「Mesh」是透過混合實境應用程式，讓生活在不同地區的用戶，能用虛擬化身在同一個空間進行工作的元宇宙平台，如教育、設計、繪圖、醫療等多個領域都可以進行合作。

此外以 AR 為基礎的開發者平台有蘋果的「ARKit」和 Google 的「ARCore」，可以開發出製造、設計、流通等多個領域的元宇宙應用程式。

韓國企業中的「Zigbang」撤除了總公司，將自行開發的「Metapolis」平台作為工作的空間。員工們都將以網路化身進入 Metapolis 工作，未來也計畫舉辦各種展覽會；並預計採用數位分身技術，將現實和虛擬的業務互相結合連接起來。

元宇宙和旅遊商務

我現在正從事運用元宇宙進行的虛擬旅遊業務。如果說目前市場上的元宇宙平台，是在由完全虛擬組成的空間內體驗旅行，或是促進社區開發的平台，那麼我們希望將生動的現實世界導入虛擬世界，提供虛擬和現實融合的新形態服務。

從目前虛擬旅遊平台的應用例子來看，首爾旅遊集團透過「虛擬團隊建設」遊戲，讓使用者可以在首爾市政府廣場玩「擲柶遊戲」體驗首爾；全州市也在 ZEPETO 上使用 3D 技術建立了全州韓屋村，讓遊客能在虛擬空間中享受全州的風景。旅遊業也積極利用元宇宙進行行銷活動，在「Travolution」於 ZEPETO 中製作的石村湖和樂天世界地圖上，尋找打折優惠券，就可以享受旅行組的優惠；「Hana Tour」開發出了結合真實世界的遊戲套裝行程，可以體驗到與遊戲中相應地區的飯店旅遊商品。此外，「Hyundai Mobis」還透過 YouTube 直播，在西班牙的巴賽隆納、義大利的佛羅倫薩和土耳其的伊斯坦堡進行近 2 個小時的遊覽，這可以說是結合了旅行和體驗。

我正在籌備以濟州島為起點，到世界各地旅行的治癒旅遊平台「Meta Live」，其目標不只是單純體現形態的虛擬旅遊，而是將現實的旅遊和生態原封不動地轉移到 Meta Live 中，給因為新冠疫情而感到憂鬱及精神、身體感到壓力的人們提供日常的治癒。在線下旅遊業面臨存亡危機的現今，不光是提供給無法去旅遊的人，還想讓失去生計的導遊們有機會創造新的收入方式，這裡有兩個屬於我自己的祕訣。

▶ Meta Live 濟州島涯月虛擬觀光 ◀

第一個是「即時數據」，我不僅虛擬重現了空間，還是以旅遊景點當地即時數據為基礎所建構出來的。我們開發並上市的「XR BORA」是觀測現實地形特徵並顯示 XR 資訊的數位望遠鏡。

我注意到在各個地區安裝後，不斷收集到的即時數據，XR BORA 能提供三種模式。在「直播模式」中能欣賞到景點清晰的即時景色，可以將風景拍攝下來儲存在手機中。「清晰模式」則是能隨著季節和時間儲存數據，即使在陰天也能欣賞到晴天的風景。「AR 模式」中將提供由 3D 構成的旅遊景點動植物生態和文化遺產、名勝古蹟等資訊。我們將這些收集到的即時數據與 Meta Live 結合，創造出現實和虛擬共存的空間。

▶ XR 望遠鏡 BORA ◀

而元宇宙的核心，是可以在虛擬空間內進行相關的社會、經濟、文化活動，並且要有相互連結性。因此，XR BORA 能夠定期收集數據、製作與虛擬空間相互融合的內容，以實際景點的影像作為背景，再製作出虛擬空間讓使用者可以感受到觀光地區的天氣和風景。

目前在 Meta Live 內部和坡州都羅山瞭望臺設置了 3 台 XR BORA，目標是 2022 年設置在韓國所有的旅遊景點，2023 年能擴展設置在海外所有的旅遊景點，如果將 XR BORA 與元宇宙聯動，那麼在移動環境下，也可以透過全國的瞭望臺來旅行。

第二個祕訣是「Metarex」，我們非常重視「在元宇宙中，建立個人和企業進行經濟活動的場所」。因此，和在 Bithumb Global 發行「Aster Coin ATC」虛擬貨幣的 (株) Tenspace 合作，製作提供虛擬房地產交易服務的韓國型 Earth2「Metarex」。如果使用 Metarex 購買虛擬房地產，在 Meta Live 上相關資產將被視覺化，現有的虛擬房地產交易實際上看不到任何東西，但 Metarex 可以透過 Meta Live 建造虛擬建築。2021 年 7 月的 beta 服務實現了虛擬房地產銷售，令人驚訝的是銷售額達 43 萬美元以上，由此可以確認人們對虛擬房地產的關注度。Meta Live 於 2021 年 11 月 1 日正式開業，計畫打造出和現實相近的生態系統。

我們建造或租賃建築物成為屋主或承租人，然後在開店或成立公司時進行內部裝修，Meta Live 也是如此。如果想在元宇宙內開卡通形象店，可以直接在元宇宙內購買或租賃房地產入住，然後裝飾自己的虛擬空間即可。如果對 3D 設計沒有自信，可以僱用 Meta Live 裡的「專業虛擬空間室內設計師」。就像在 ZEPETO 內的創作者們一樣，在 Meta Live 中可以選擇更廣泛的職業。

另外，和現實世界一樣，入駐的賣場可以使用 AI 人類來接待顧客；如果形成商圈，行情會像實際房地產一樣變動。與現實緊密相連的區別，在於 Meta Live 是為了在元宇淘金熱中生存的必須策略。

▶ Metarex 中 YG 娛樂公司大樓內部 ◀

屬於我自己的網路化身旅行還沒有結束，Meta Live 的內容不僅僅是以美食、娛樂組成的，在與地方自治團體合作、和企業及個人的經濟活動中，也會自然而然地變得豐富多彩。希望全世界所有人都能來探訪並消費、生產內容，也希望能成為企業和地方自治團體宣傳品牌的場域，創造出新的職業和收益。

接下來，還想再談談 Meta Live 中添加的內容。在觀光中不可或缺的產業就是 MICE 產業和旅館業，因為新冠疫情的關係，來到韓國出差和旅遊的外國人減少，也是受到最大打擊的產業。我認為從舉辦國際會議及研討會、賭場、俱樂部、婚禮等取得收入的飯店旅遊業中，元宇宙是最適合的替代方案。

因此，Meta Live 正在制訂連結以首爾為主的虛擬會展產業和虛擬觀光等方案，希望將飯店的會議室作為虛擬空間，讓參加會議的人能在其中進行會議互相溝通，也可以進行商務諮詢、買家和賣家之間一對一的洽談。活動結束後還可以透過 Meta Live Tour 遊覽首爾的旅遊景點，晚上可以用網路化身去賭場購買賭場遊戲幣，用數位人類荷官發的卡牌享受遊戲。另外，還將舉行類似 Ultra Music Festival 的活動，360 度連續播放著名 DJ 在酒店俱樂部和休息室演出的「Meta Live Club」並銷售商品和客房套餐。像這樣，在 Meta Live 中的飯店和會展產業具有相當大的潛力，可以延伸到婚禮等個人需求的領域。

▶ Metarex 和 Meta Live 的相互關係 ◀

元宇宙和製造業商務

據 VR Intelligence 2019～2010 年 XR 產業網站報告顯示，2019 年開始具備單條生產線及銷售通路的中堅企業在 AR 和 VR 解決方案上支出超過 10 億美元。主要集中使用在設計、工程、醫療、建設領域，利用 AR 進行產品設計和試製品製作、協作、教育及外部交流。

製造現場總是充滿許多變數及不確定，因此適當的應用元宇宙有助於下決策；透過模擬實驗，也相當有助於尋找出最佳方案。在製造業領域需要即時了解顧客和市場反應的敏捷度，因此利用沈浸式技術，以新的視角看待現有的問題，能加速設計和工廠自動化達到降低生產費用的功能；透過數位分身收集資訊，產生多種虛擬方案來尋找最佳對策，運用大數據和人工智慧與虛擬現實相互作用，將有效改善生產方式。

世界最大的國防工業承包商「Lockheed Martin」從 2017 年開始使用微軟的 HoloLens，將實際生產組裝過程的製作時間縮短了 90%，豐田、賓士、賓利汽車等多個製造公司也都在使用 HoloLens 2。另外，奧迪總公司還設立了大型

VR 設計工作室，將設計出來的新產品及各種功能用試製品進行檢查和修正，節省了製作時間和費用。也就是說，用虛擬渲染的方式代替製作只有核心功能的模型演示步驟，能快速識別問題，並減少重複製作模型的費用和時間。

BMW 集團應用 NVIDIA 的 Omniverse 用數位分身，確認了操作者的動作和各組裝機器人的相互作用、整體組裝流程和工程的問題；並利用元宇宙平台，指示組裝設備和零件工程的階段性作業。此外，也使用影像、動畫等 3D 模型的 AR 內容提高了作業者的效率，透過與現實世界相同的位置和移動路徑以及生產線變更等，檢驗了不合格率和生產效率。

韓國的斗山重工業使用 MS 數位分身，將風力發電廠虛擬化，改善了運營和管理業務，並將物聯網感測器收集的即時數據和發電廠的虛擬模型連結起來，預測電力產量。

數位分身

Digital Twin

是指用軟體將現實世界的機器、裝備、系統等在虛擬空間中一模一樣的體現出來，這是 2003 年在密西根大學的管理課程中首次被提及的概念。2012 年美國航空太空總署 (NASA) 研究了數位分身技術對製造飛機產生的影響，2015 年在科技發展策略藍圖上使用了數位分身技術。此後，美國奇異（General Electric，GE）公司因公開了蒐集、分析產業用機器的大規模數據，並連接至物聯網平台而備受矚目，還被選定為《**Gartner 2019 年新興技術發展週期報告**》中崛起的新技術。

利用數位分身技術，可以透過模擬實驗發現問題，及驗證功能並產生多種方案，在物理上可以快速、準確地獲得經過多次試錯後得到的知識，產品上市後也可以用於維護和維修。

另外，該技術在製造業領域被廣泛應用，現在還用於實現虛擬城市、模擬多種政策。如韓國世宗市計畫利用數位分身平台打造智慧城市，預計將對改善交通、居住、安全、保健、能源、環境等主要問題有所幫助。

可持續的元宇宙商機

想要發展元宇宙就必須先增進平台技術，雖然因為需要大量投資和技術開發，會以具備資本和技術能力的大企業為主，但最終將由擁有 5G 和雲端等基礎技術，及開發硬體、創新設備、生產優質內容的企業引領市場。另外，雖然元宇宙商務以遊戲和娛樂領域為主，但未來將擴展到購物、廣告、廣播、時尚、流通等多個領域。各種元宇宙企業產生收益的來源如下。

- **基礎設施**：5G、雲端、解決方案使用費等。
- **硬體**：銷售設備和零件等。
- **軟體 / 內容**：使用許可費、平台和服務費、追加解決方案使用費等。
- **平台**：廣告、交易手續費、線下品牌入駐費、虛擬資產交易手續費、演出展覽手續費、會員服務等。

為了成為完整的元宇宙平台，需要以下 7 個條件（Matthew Ball,2020）：

1. 必須要有持續性，應該要能無限期地持續，不會重置、暫停或終止。

2. 要具備同步和即時性，應該向所有用戶提供即時的生活體驗。

3. 參加的人數沒有上限，所有用戶都能夠在特定場所同時採取特定行動。

4. 在元宇宙內必須實現完全的經濟自主，個人和企業將能創造附加價值、擁有、投資、銷售、賠償等經濟活動。

5. 要能擴展經驗，線上和線下之間的相互作用、個人網路和公共網路之間的相互作用、開放型平台和封閉型平台之間應該要有擴展的可能性。

6. 數據和數位資產等的相互操作要得到保障，應該要能將數位資產轉移到多個平台中使用。

7. 應該讓廣大貢獻者體驗製作、運營的內容，需要開放個人或非正式組織、商業性大型企業等多種族群的參與性。

那麼元宇宙要擴展到所有商業領域需要多長時間，又會帶來什麼樣的變化呢？據預測，至 2030 年全球 VR・AR 市場將達到約 1.3 兆美元，規模將比現在增長 15 倍，VR・

AR 市場的爆發性成長，是由於 Meta 收購了 Oculus，佔據全世界 VR 設備出貨量的 75%，在沒有連接其他平台的情況下也可以自行享受豐富的內容，再加上沒有 Oculus 就無法運行的「Horizon」上市，預計元宇宙服務將全面展開。蘋果 CEO 提姆 · 庫克（Tim Cook）表示「AR 即將滲透到大眾的生活中」，正在引導消費者透過蘋果旗下的 iPhone、可穿戴式裝置、軟體等進入 AR 眼鏡領域，Meta 和蘋果將透過硬體大眾化和擴張元宇宙平台，來改變我們的生活。

元宇宙技術和產業的增長與智慧城市也息息相關，美國、加拿大、英國、中國、印度、新加坡等全世界許多國家正在加快藉由元宇宙技術實現智慧城市的步伐。以智慧治安、智慧醫療、智慧教育、智慧交通等多種未來型城市形態，緩解交通堵塞、預防犯罪、應對災難和氣候變化、促進經濟增長、解決人口老化等問題。

韓國將在 2023 年推進「5G 智慧城市」建設，以「智慧學校、自動駕駛、智慧工廠、元宇宙市場、智慧治安」五項核心服務為核心制訂了具體的計畫。預計 2022 年進行事前評估及選定地點，並從 2023 年開始建設，5G 特色城市的五項核心服務具體如下。

智慧學校

結合以 5G 為基礎的 VR・AR 技術，實現超實感遠距教學。

自動駕駛

控制室使用 5G 接收自動駕駛汽車的行駛資訊，實現無需方向盤的自動駕駛，目前正以小巴士示範啟用中。

智慧工廠

將 5G 技術應用在生產工程自動化及數位分身、安全管理平台上，建構工廠的智慧系統，計畫透過製造革新來改善都市基礎設施，使企業和勞動者都能在舒適的環境中工作。

元宇宙市場

計畫為了小型企業擴大元宇宙平台，將小型企業密集的地區作為開拓市場的新銷路。

智慧治安

以和 AI 連結的無人機和機器人，展開無死角的治安維護活動。

政府為了培育提供上述服務的專業公司，成立了新政基金，致力於培養以民間為主的人才和企業。

元宇宙平台的動向和展望

元宇宙的框架完成後，對誰會最有利呢？企業和國家要登上元宇宙又需要具備哪些要素？如果說到目前為止元宇宙產業的發展是以文化內容為主，那麼，今後將擴大到製造、醫療、教育、旅遊等全部產業。但是，想要以元宇宙產業成功站穩腳跟，就必須和公共及民間做有效的配合。

為此，韓國表示將於5年間投入約374億美元來發展「數位新政2.0」事業，科學技術情報通信部成立了由現代汽車、盆唐首爾大學醫院、Naver Labs、Raon-Tech、Virnect、Maxst、SK電信、KT、Kakao Entertainment、LG U+、CJ ENM、樂天世界等集團參與的「元宇宙聯盟(Metaverse Alliance)」，政府和民間將展開合作，在各自擅長的領域中引領元宇宙產業。

元宇宙生態系統由設備、平台和內容構成。在設備和平台方面，大型科技企業之間的領導權仍在持續競爭中；在內容方面，遊戲公司、社群網路企業、新創企業正在展開角逐。今後還將擴展到增進用戶便利性的設備技術，以及從社群形態的元宇宙世界衍生出多種的商業模式，連跨國企業也將進軍市場。

最早元宇宙是從遊戲開始的，從 2D 進化到 3D，接著可以用電腦、手機、HMD 等多種機器連接，虛擬空間也隨之登場，不只是遊戲，之後還擴展到了社群網路、業務平台。

「Gartner 新興技術發展週期報告（Gartner Hype Cycle for Emerging Technologies）」指出 VR 技術處於穩定化階段，AR 技術則處於適應市場進入成長期之前的階段，MR 技術還處於不穩定，只有少數企業投資的階段。

事實上元宇宙並不是新技術或新的概念，而是經過 30 多年的技術發展和進化後，再度被提及的技術和概念，並討論出了多樣的發展可能性。今後元宇宙內的物理規則和政治、經濟、文化規範將被重新修正，誕生出新的平台經濟體制。

馬克·祖克柏說「對我們來說，Facebook 已經不是首選了，元宇宙將成為新的未來。」為了擺脫過往以 Facebook 為中心的社群平台，成為元宇宙的先驅者，他將公司名稱改成「Meta」。

▶ Gartner 新興技術發展週期報告

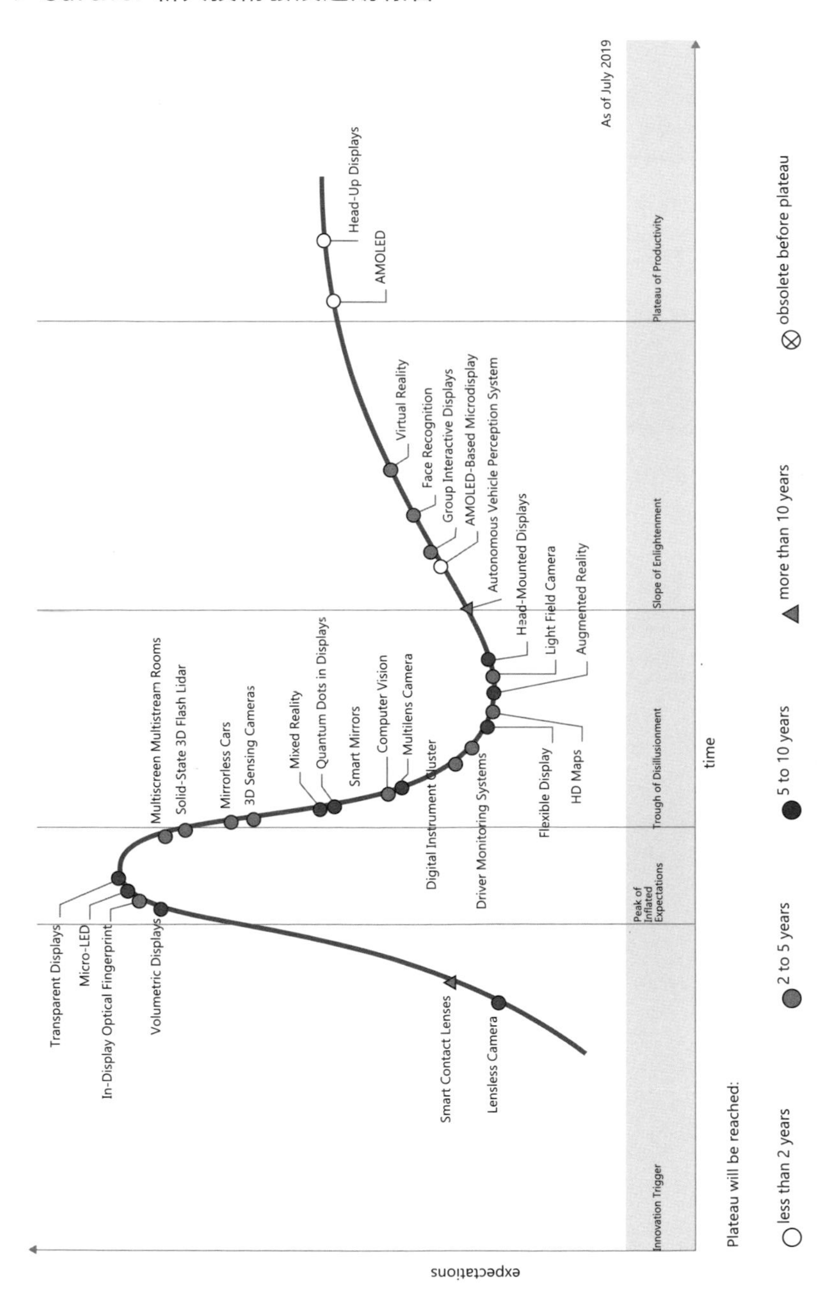

為了在 10 年內建立使用人數破 10 億的元宇宙平台，打造數萬億美元的數位商務生態系統，創造數百萬個創意者和開發者工作機會，他將投資 100 億美元在開發軟體及硬體上。另外也表示元宇宙就像點擊網際網路一樣，是人們可以輕易超越時空、進行創意性工作的行動網路的下一個階段，並公開了「Horizon Workrooms」、「Horizon Home」、「Horizon World」。如果說現有的視訊會議沒有辦法讓參與者感覺存在於同一個空間的話，那麼在結合 VR 和 AR 的元宇宙中，人們就能感受到，在現有的網路空間無法有的真實感及更廣泛的體驗，而且彼此間還可以自然地互動。

METAVERSE

Ethical Issues & Coexistence

元宇宙的
倫理問題與共存

元宇宙的倫理問題能被控制嗎？

自我和虛擬化身之間的混淆

人類基本權和被遺忘權的侵害

知識財產權的侵害

AR・VR 技術發展後的問題

若想要解決元宇宙內的倫理問題，應該怎麼做？

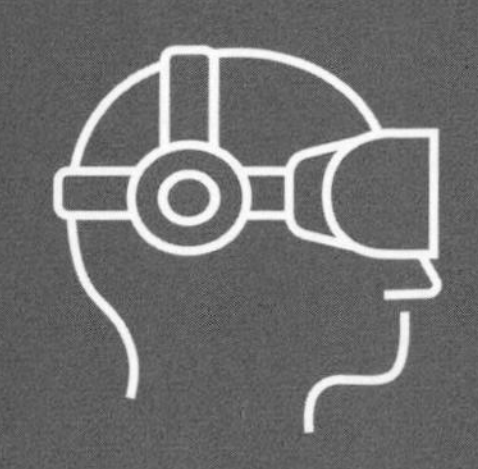

元宇宙的倫理問題能被控制嗎？

元宇宙世界是超越現實國家和經濟體系的另一個世界，將會有新的規則、政治和經濟體系。但是，這一切的新系統能夠被控制嗎？首先，需要先討論在虛擬世界中能否用現實世界的法律來規範賭博、詐欺、賣淫等非法行為。例如，假設在元宇宙世界中，美國的用戶和韓國的用戶之間發生了非法行為，那麼應該適用哪個國家的法律呢？審判管轄區域在哪裡，又要如何處理網路毒品等抽象的行為呢？

元宇宙倫理問題

安全問題
- 沉迷於 VR 內容，無法認知現實可能會引發問題
- 有發生交通事故或命案的危險

上癮問題
- 虛擬世界和現實世界的反差，使日常生活感到困難
- 虛擬世界被當成逃避現實的工具

已故之人的內容化問題
- 可能會忽視已故之人的人格權、肖像權及被遺忘權
- 已故之人著作權問題

技術發展問題
- 高度化的技術發展會侵害人類的隱私
- 可以製作色情和假新聞

對此，以歐盟為首的主要國家制訂了 AI 倫理問題的守則，他們認為為了 AI 的發展和應用需要做一定程度的控制。2018 年歐盟的一般資料保護規則 (General Data Protection Regulation, GDPR) 其中包括使用「自動化決策」的企業有告知義務和用戶有拒絕使用、提出異議的權利等。2019 年提出了可信賴人工智慧準則（Guidelines for Trustworthy AI），2020 年制訂了可信賴人工智慧評估清單（Assessment List for Trustworthy AI）。此外，2021 年提出的人工智慧規則（AIA）針對高風險人工智慧技術向供應商課予義務，雖然是在歐盟所制定的，但預計也會給其他國家帶來相當大的負擔。

在韓國是以民間自律為主來建立支援體系，Kakao 制訂了《**kakao 人工智慧演算法倫理規章**》，對全體員工進行 AI 倫理教育。三星電子則為韓國首家加入「人工智慧夥伴關係（PAI Partners on AI)」之企業，對於人工智慧倫理標準的未來正在進行廣泛的討論。Naver 和首爾大學共同發表了「AI 倫理準則」；科學技術情報通信部，為了確保民間自主可信度，正在建構支援體系，制訂對資本和技術不足的新創企業的支援對策。

那麼具體來說，正發生在元宇宙內或可能會發生的倫理道德問題和解決方案都有哪些呢？讓我們一個一個來看看吧。

歐盟人工智慧法

制訂目的

- 保障在歐盟市場上使用的人工智慧系統的穩定性，尊重基本權利和歐盟的價值。
- 促進對人工智慧的投資和創新，保障其法律穩定性。
- 適用於人工智慧系統的基本權及加強安全標準相關法令的有效執行力。
- 促進開發合法、安全、可靠的人工智慧。

適用範圍

- 人工智慧系統：以邏輯和知識方法或統計學方法開發的軟體，並可以對一組人為給定的目標，產出內容、預測、建議或會影響與系統連動環境決定的軟體。
- 供應商：在歐盟市場推出人工智慧系統或為了自身品牌及商標服務而開發人工智慧系統的人；擁有人工智慧系統的個人和法人。

- 使用者：在歐盟內使用人工智慧系統的個人或法人；在第三國家設立供應商或使用者，但人工智慧系統的成果在歐盟內使用。

人工智慧限制範圍

- 侵害歐盟的價值、人類的尊嚴和基本權利，明確威脅人們的安全、生計及權利時（為了公共安全的情況除外）。
- 在個人未意識到的情況下，以潛意識技術捏造人的行為、意見和決定權的情況。
- 惡意利用個人或團體的資訊和預測，導致兒童或殘疾人等弱勢群體被當成目標的情況。
- 政府以社會行為或預測的個人特徵為基礎，對自然人的信賴度進行評分或產生不利的待遇。
- 利用人工智慧在公共場所出於執法目的，而使用遠距生物辨識系統確認身分時（搜索失蹤兒童、應對恐怖襲擊、追訴重大犯罪經司法機關批准的情況除外）。

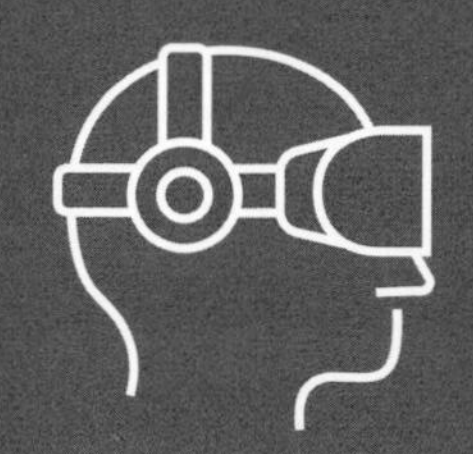

自我和虛擬化身之間的混淆

人們在虛擬空間裡用自己理想的形象，或製作酷似自己的網路化身作為「另一個我」。如果說以前是以 ID、暱稱、頭像等文本來表現自我的話，那麼在元宇宙的世界裡，則會製作精緻的虛擬化身及內容，進行經濟活動與超越時空的交流。

但是，如果長時間待在虛擬世界中，就會產生上癮、過度投入、像重置電腦一樣，誤以為現實也能被重置的「重置症候群（Reset Syndrome）」。部分迷上 MMORPG 遊戲的人，曾出現過社會孤立和想象力降低、只專注於遊戲內成就的現象、排除遊戲以外日常活動的症狀。那麼，為什麼會沉迷於虛擬世界呢？就是因為用虛擬化身可以試驗和控制整體性的感覺，及能從中體驗到強烈的快感。在虛擬世界裡「如果不能適應換一個化身就好了」，於是會產生混淆虛擬化身和實際上的我的問題；現實中的我無法感到滿足，但在虛擬世界裡，代替我的虛擬化身就可以擁有理想的人生；在這裡獲得自信的人很難適應現實世界，並且會把虛擬世界當作逃避現實的工具。

為了解決這些問題就需要提高自我認同感，自我認同感是指「瞭解自己的特性並擁有穩定的感覺」。在一定程度上明確了自己的性格、價值觀、未來觀等，這是一般從青少年時期對自己的理解開始的認同感。自我認同感高的人，平常在任何情況下都能發揮靈活性，不會失去自己的真實自我。但是，自我認同感低的人，經常在虛擬世界中得到替代的滿足感後，回到現實會反覆地感到憂鬱和挫折，特別是青少年時是對自我進行深度探索和成型的時期。為了不混淆虛擬和現實世界，必須要加強進行教育，而且元宇宙也應用在嬰幼兒市場中，因此需要多加注意這一點。

元宇宙世界和現實世界一樣可以和他人互動、可以感受到人類普遍生活的動機：成就感和歸屬感，這兩者是非常相似的。但是，虛擬世界和現實世界最明顯的差異，在於虛擬世界不存在「穩定的身體」，現實中的我擁有物理性的身體、固定的外貌和原生的性別，這些既定的事實保障了自我的認同感。但是，虛擬世界中的我沒有身體，虛擬化身擅長跑步並不代表真實的我也跑得好；虛擬化身在虛擬空間裡擁有帥氣的外貌和口才而受到歡迎，並不意味著現實的我就是這樣的人。重要的是使用者自身所具有的自我認同感，接受真實的自己，在現實世界裡實際獲得成就感的同時，也能活用虛擬空間的功能，這是和虛擬空間共存的方法。

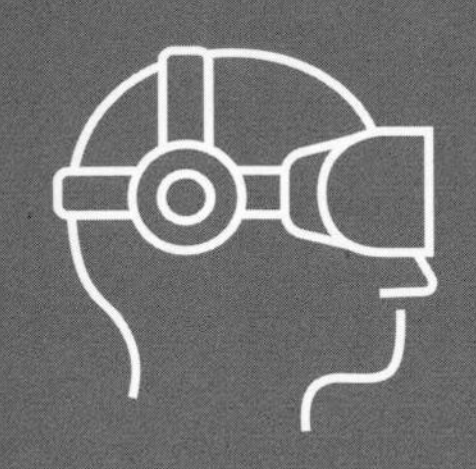

人類基本權和被遺忘權的侵害

元宇宙還有一個必須探討的問題 —— 人類基本權利的侵犯。MBC 的 VR 紀錄片《**遇見你**》是講述使用虛擬實境，和已經離開人世的家人們見面過程的節目；將故人打造成虛擬人物使用了動作捕捉、AI 語音識別、深度學習等技術。第一集播出中的 9 歲孩子，是以體型相似的同齡孩子為模特兒製作出骨架，透過家人的採訪、照片和影片來製作表情和動作、補充不足的數據資料等，總共花費了 7 個月的製作時間。

節目播出後，相關 YouTube 影片的點擊率非常高，甚至達到了爆發性的程度，製作這種 VR 內容的目的，是希望透過 VR 與故人見面，說出來不及說出口的道別，讓遺屬能獲得心理上的安慰，希望藉此能預防憂鬱症、中毒、自殺等極端行為。

但是，隨著《**遇見你**》播出後，收到的爆發性迴響同時也讓人產生擔憂，會不會有陷入更大的悲傷或無法適應現實等問題。為了解決這些問題，應該要和心理學家一起利用多種心理治療方法來開發內容。

現在在心理治療領域也已經開始使用 VR 和 AR 技術，美國南加州大學阿爾伯特・里佐（Albert Rizzo）博士開發的「虛擬伊拉克」，就協助在伊拉克戰爭中，經歷了噩夢或失眠等創傷症候群的士兵們復健，並使他們在很大程度上得到了好轉。2016 年英國 UCL 大學開發的治療憂鬱症 VR 項目，也安慰了許多心理上受苦的孩子，幫助他們緩解了痛苦。

故人的肖像權和被遺忘權，也是需要被提出來討論的問題，《**遇見你**》節目大眾化了遺屬的悲傷，復原故人則侵害了其的被遺忘權，這點在倫理上是有爭議的。「被遺忘權」即是指人們有權要求移除網路上，有關於自己的所有訊息及防止擴散的權利。在類比媒體時代，過了一定時間就會自然而然地從人們的記憶中被淡忘；但現在並非如此，所有的訊息都被數據庫化，隨時都可以被搜尋到，在系統上無法保障故人的被遺忘權。事實上，在 2014 年去世的演員羅賓・威廉斯就行使了自己的被遺忘權，並在遺書中留下至 2039 年後，在任何領域都不能使用其生前肖像的聲明。

另外，虛擬化身的位置資訊保護及利用等相關法律的適用範圍，也存在隱私安全的問題，使用者透過 AI 聊天機器人竊取個人資訊的事情很容易發生。在元宇宙平台上，內容製作者用大數據建立用戶的個人資訊，或與他人往來的訊息等，大數據將即時處理、改善商務運營系統以及替顧客量身訂做廣告投放。用戶的使用經驗、時間、交流的對象、對話內容、網路化身道具等，能收集的數據也非常多樣。但是，制訂能夠保護個人資訊的法條，既是為了人類的基本權利，也是為了保護未成年人所必需做的事情，因為未成年人的個人資訊必須得到澈底的保護。

被遺忘權

被遺忘權，是在 2012 年歐盟的個人資料保護規則中被提出的概念，個人資料是指姓名、身分證號碼、影像、標記、文字、語音等，能夠識別特定人的所有形態的資訊。想要被遺忘的資訊包含第三者登載能查閱到個人資訊的文章，都可以要求刪除。實際上，韓國法律明確規定「閱覽個人資訊的當事人，可以要求個人情報處理者更正或刪除個人資訊，被要求的個人情報處理者可以立即採取必要措施。」尤其是如果提供的資訊屬於侵犯私生活和損害名譽的情況，將採取強力的管制。

但是，即使是個人資訊，也有為了行使言論自由權、公共衛生部門的公共利益、學術研究目的，或必須保留個人資訊情況。例如，其他法律目的下的例外情況。

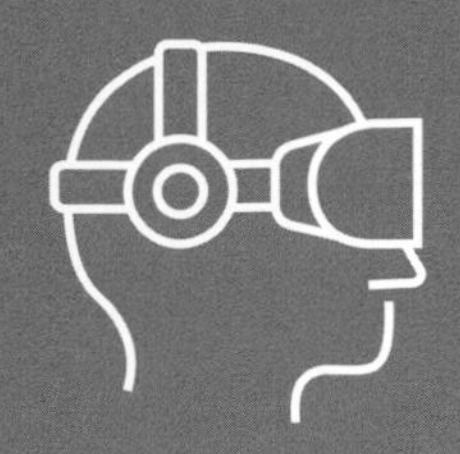

知識財產權的侵害

元宇宙擁有巨大的創作者生態系統，因此也需要討論用戶開發的內容能否被認定為著作。實際上，隨著使用的增加，有時候也會引發著作權保護及侵害的訴訟。美國音樂出版協會（NMPA）曾對 Roblox 提出賠償 2 億美元的侵害著作權訴訟，因 Roblox 向虛擬音樂播放裝置提供非法音源。

另外，Gucci 在元宇宙平台上銷售的服裝，想要得到著作權法的保護的話，在現實世界銷售的 Gucci 品牌固有花紋或設計必須被認定為「應用美術著作」才行。Gucci 公開新品僅 10 天，運用 Gucci IP 來二創的內容就有 40 萬個以上，點擊率超過 300 萬次。通常在 Roblox 和 ZEPETO 等元宇宙平台上，創作品的著作權由使用者擁有，雖然元宇宙的運營團隊被全面授權其創作品的使用和服務，但仍然不斷有瑣碎的紛爭。

侵害商標權也是個問題，現實世界中制訂的商標法，是否也能直接適用於元宇宙世界？事實上，發生在元宇宙世界中侵害商標法的狀況，是因為創作者使用了時尚品牌的商標或設計等現有 IP 製作的數位商品，目前這還是界限模糊、尚未確立的案件。

如果在虛擬世界中重現實際存在的建築物，或製作裝飾虛擬化身的服裝，或用虛擬化身舉行演唱會，那麼該創作品也應該被認定為作品，問題是能否賦予虛擬化身法律權利？如果透過 AI 虛擬化身作了曲目，那麼能否將虛擬化身視為創作者而賦予其法律人格權呢？虛擬化身之間因互動產生的商業和經營行為能否適用於民法、刑法、商法、勞動法等法律？還有虛擬化身的出版權也是需要再深入討論的問題。

公開發表權（Publicity Right）是指權利人獨佔個人姓名、肖像、簽名等人格要素，所衍生的一系列有財產價值的權利，侵犯公開發表權、偽造冒用、不正當競爭行為、在虛擬空間內，使用知名人士的形象製作虛擬化身進行營利活動，都可能會造成問題。美國薩克斯風演奏家萊奧・佩萊格里諾（Leo Pellegrino）就認為要塞英雄裡 Emote 功能中的「Phone it in」是使用了自己的舞蹈動作，因此提出過侵犯公開發表權的訴訟。

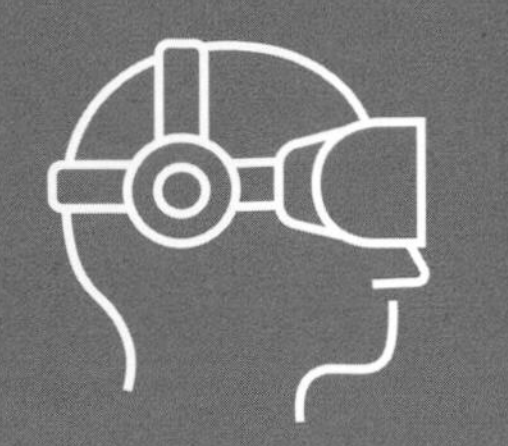

AR·VR 技術發展後的問題

技術的進步也會產生一些問題，首先是 AR 拍攝侵害多數人隱私的問題。AR 眼鏡是用 360 度相機錄製並儲存影像後傳送到雲端，可能會產生資訊收集過度的問題。在美國 Google 眼鏡上市後，不斷有人提出侵犯隱私的爭議，最後才轉為只提供位置資訊，對人臉和車牌等進行模糊處理等措施。不過，這只是法律制裁並不能限制收集資訊，因此依然會存在問題。

另外，AR·VR 設備只能用於合法目的，因為佩戴 AR 設備出現在非公開場所時，有可能進行非法拍攝。目前個人資料保護法規定，影像處理器僅限於 CCTV 或汽車黑盒子等，但很多人認為應該包括行動型影像拍攝機器。

第二個是監視問題，AR·VR 設備能清晰、準確地錄製所有東西，只要掃描人的臉和車牌號碼就能掌握身分，所以如果應用在治安上，就能將治安水平提高。因此，根據歐盟人工智慧法，為了公共安全和搜索失蹤者、檢舉恐怖分子或特定罪犯時，獲得司法當局批准即可以使用。

但如果被惡意利用，不僅可以侵害個人隱私還可以用於監視目的，試想如果被拿來監督工作，未來工作環境轉變成智慧管理形態的趨勢已經是無法避免的。但如果僱主掌握勞動者的位置和資訊，並將其用於監視的目的，就明顯侵犯了基本權利，也有可能會有強制同意或是祕密進行的狀況，所以，實際上很難制止這種對勞動者的監視行為。

第三個是惡意利用先進技術所產生的問題，利用深偽技術可以製造出色情和假新聞，虛擬世界也和現實世界一樣，會出現集體霸凌和侮辱、性犯罪、暴力等問題，如果再加上發展了觸覺技術（Haptic Technology）會怎麼樣？可能將會發生強制的虛擬身體接觸、虛擬性交易、集體霸凌和暴力。

有報告指出 2016 年在 QuiVR 遊戲中，有使用者不願意發生身體接觸，雖然已經要求中止但行為卻仍持續未中斷。VR 內容產業甚至將性愛、體育、遊戲視為主要收益來源，所以應該要制訂在虛擬世界中也需要遵守的社會規範及法條。但是，目前對網路名譽毀損的判例中，認為暱稱是否能代表特定人物，在遊戲中對演出性和社會評價的標準也很模糊。

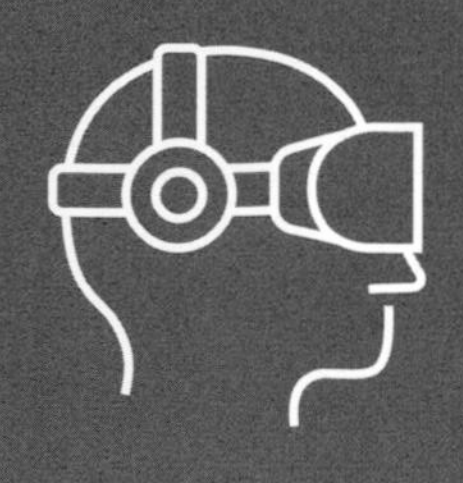

若想解決元宇宙內的倫理問題，該怎麼做？

元宇宙世界和現實世界相似的驚人，但從製造跟自己相似的虛擬化身，和他人往來互動並產生財物來看，毋庸置疑的將會發生像現實世界一樣的倫理問題。前文提到喪失自我所引發的問題、肖像權、被遺忘權等基本人權的問題，知識財產權、先進的 AR・VR 機器的問題還有數位毒品、性犯罪、詐欺和貪污等問題。因此為了確保元宇宙文化是健全、有益處的，以及社會上對 AI 的信任感，必須要制訂規範和超越國家的法律限制。

▶ 元宇宙中的非法行為和司法權 ◀

外國用戶和本國用戶之間的非法行為	網路毒品等抽象行為
使用深偽技術製造色情及假新聞	侵害知識財產權

▶ 需要超越國家的新法規

讓我們來看看深偽技術會帶來什麼樣的問題吧！深偽技術是指「利用人工智慧的人體圖像合成技術的應用」，將現有特定人物的身體用數位技術合成的影像編輯物，因此任何人都有可能成為使用此技術來生產的色情內容之犧牲者。如果以政治目的來利用深偽技術，則可能會被用來製造假新聞，也有可能發生電話詐騙，以攻擊企業為目的像是製作合成影像等，犯罪適用範圍非常廣泛，這是必須要有強力的法律來做限制的部分。

許多民間企業也正在運用各種技術來限制非法行為，Naver 使用了能過濾淫穢內容的 AI 技術「Naver XI X-eye」，如果將不適當內容的圖片上傳到公司網站，就會立即被限制搜尋及曝光，為了能將大量的圖片按照類型分類，讓 AI 程式花了 10 個月左右的時間學習，這也是準確度高達 98.1% 的技術。

因為我也有經營元宇宙平台，所以對在元宇宙內可能發生的倫理問題比較敏感，由於這是韓國國內和海外用戶共同使用的平台，為了防範可能會發生的經濟詐騙或知識產權的糾紛，也許未來會出現許多元宇宙領域的專業律師。

總之，元宇宙將是人類生存的新世界，如果人類想活得有人情味，就需要確立哲學性和理念，所以有必要意識到在元宇宙內可能發生的非法、倫理問題，在構建數據、制訂相關法規的同時，對焦點問題進行討論。

Kakao 人工智慧演算法倫理規章

1. Kakao 演算法的基本原則

   Kakao 的演算法和所有的相關努力，皆須符合社會倫理，藉此增進人類的便利與幸福。

2. 對於歧視之警戒

   應特別注意在演算法的結果中，不可出現蓄意的社會歧視。

3. 學習數據的操作

   需根據社會的道德規範，蒐集、分析和利用輸入到演算法中的學習數據。

4. 演算法的獨立性

   需對演算法嚴加控管，不可遭他人恣意毀損破壞，或受他人影響來使用演算法。

5. 對於演算法之解釋

   為了建構與使用者之信賴關係，在不損害企業競爭力的範圍內，企業需誠實解釋演算法。

6. 技術的包容性

   努力使以演算法為基礎的技術和服務能夠包容整個社會。

7. 對兒童和青少年之保護

   Kakao 為了不讓兒童和青少年暴露在不當的資訊和危險中，必須從開發演算法及設計服務階段就開始注意。

參考文獻

- 《KB 知識維他命：區塊鏈市場的下一個大趨勢》NFT，2021
- 《登錄 (Log In) 元宇宙：人類 × 空間 × 時間的革命》PRi 軟體政策研究所 李承煥，2021
- 《METAVERSE BEGINS 五大熱點與展望》SPRi 軟體政策研究所 李承煥．韓相烈，2021
- 《2021 KISA REPORT volume 02》韓國網際網路振興院，2021
- 《元宇宙，講述醫療現場的未來》韓國保健安全團體總聯合會，2021
- 《非接觸式的國內 XR 應用動向》韓相烈．方文英，2020
- 《VR．AR 設備動向及啓示》李赫俊，2020
- 《後疫情時代的核心技術：VR/AR 產業和規制》姜俊模．李恩民，2020
- 《國內數位傳統內容的批判性反省》崔熙秀，2019
- 《未來職業指南》教育部．韓國職業能力開發院，2018

- 《數位分身，在虛擬世界中反應現實的模型，可預測及應對未來的技術》韓國企業數據（株）崔志錫，2017
- 《元宇宙開發動向和發展展望研究》徐成恩，2008
- 《虛擬空間和虛擬空間的自我認同感｜對遊戲上癮和無法適應現實的影響》韓慧京．金珠熙，2007
- 《數位時代的新人類，數位原住民》LG 週刊經濟 CEO 姜承勳，2004
- 《紅色惡魔背後有 HiTEL》韓民族，2021
- 《投入虛擬資產的遊戲公司，瞄準 NFT．元宇宙》數位今日，2021
- 《Facebook「使用 VR 遠距辦公的時代即將到來」》聯合新聞，2021
- 《未來社群將邁入「元宇宙」》光州日報，2021
- 《醫院和製藥公司也將乘上元宇宙，開啟遠距醫療市場嗎？》亞洲經濟 2021
- 《連接虛擬、現實的元宇宙，關注醫療克服侷限的對策》青年醫生，2021
- 《醫療界也開始啓動元宇宙，將再次點燃遠距醫療爭議？》健身朝鮮，2021

- 《在元宇宙展開的災難．應急現場…消除醫療教育死角》今日貨幣，2021
- 《跨越虛擬和現實世界，掀起元宇宙熱潮》政策簡報，2021
- 《投資元宇宙的三種方法》韓庚網站，2021
- 《SKT．KT．LGU+ 三家行動通訊公司，搶佔新一代元宇宙平台的競爭，各行動通訊公司正在準備的 VR 服務？》綠色經濟新聞，2021
- 《滲透到日常生活的元宇宙，開始宣傳行動通訊公司市場》電子新聞，2021
- 《用元宇宙買單，打造由機器警察守護的「5G 特色城市」》Edaily，2021
- 《元宇宙，會帶來怎樣的未來》韓情雜誌，2021
- 《用 VR 與死去的家人見面，是心理治癒還是消費亡者》韓國日報，2020

元宇宙淘金熱｜未來產業的關鍵，誰將最後登上元宇宙？

作　　者：閔文湖
譯　　者：洪詩涵
企劃編輯：蔡彤孟
文字編輯：詹祐甯
設計裝幀：張寶莉
發 行 人：廖文良

發 行 所：碁峰資訊股份有限公司
地　　址：台北市南港區三重路 66 號 7 樓之 6
電　　話：(02)2788-2408
傳　　真：(02)8192-4433
網　　站：www.gotop.com.tw
書　　號：ACV044600
版　　次：2022 年 07 月初版
建議售價：NT$300

國家圖書館出版品預行編目資料

元宇宙淘金熱：未來產業的關鍵，誰將最後登上元宇宙？
/ 閔文湖原著；洪詩涵譯. -- 初版. -- 臺北市：碁峰資訊, 2022.07
面；　公分
ISBN 978-626-324-235-7(平裝)
1.CST：虛擬實境　2.CST：數位科技
312.8　　111010259

讀者服務

- 感謝您購買碁峰圖書，如果您對本書的內容或表達上有不清楚的地方或其他建議，請至碁峰網站：「聯絡我們」\「圖書問題」留下您所購買之書籍及問題。（請註明購買書籍之書號及書名，以及問題頁數，以便能儘快為您處理）
http://www.gotop.com.tw
- 售後服務僅限書籍本身內容，若是軟、硬體問題，請您直接與軟體廠商聯絡。
- 若於購買書籍後發現有破損、缺頁、裝訂錯誤之問題，請直接將書寄回更換，並註明您的姓名、連絡電話及地址，將有專人與您連絡補寄商品。